Imagine Infinite!

창의영재수학

아이앤아이

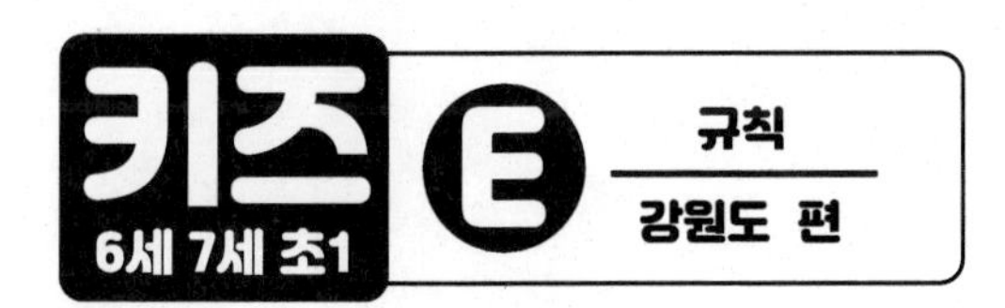

창의영재수학

아이앤아이

01 수학 여행 테마로 수학 사고력 활동을 자연스럽게 이어갈 수 있도록 하였습니다.

02 키즈 - 입문 - 초급 - 중급 - 고급으로 이어지는 단계별 창의 영재 수학 학습 시리즈입니다.

03 각 챕터마다 기초 - 심화 - 응용의 문제 배치로 쉬운 것부터 차근차근 문제해결력을 향상시킵니다.

04 각종 수학 사고력, 창의력 문제, 지능검사 문제, 대회 기출 문제 등을 체계적으로 정밀하게 다듬어 정리하였습니다.

05 과학, 음악, 미술, 영화, 스포츠 등에 관련된 융합형(STEAM)수학 문제를 흥미롭게 다루었습니다.

06 단계적 학습으로 창의적 문제해결력을 향상시켜 영재교육원에 도전해 보세요.

창의영재가 되어볼까?

교재 구성

키즈 (6세 7세 초1)	A(수)	B(연산)	C(도형)	D(측정)	E(규칙)	F(문제해결력)	G(워크북)
	수와 숫자 수 비교하기 수 규칙 수 퍼즐	가르기와 모으기 덧셈과 뺄셈 식 만들기 연산 퍼즐	평면도형 입체도형 위치와 방향 도형 퍼즐	길이와 무게 비교 넓이와 들이 비교 시계와 시간 부분과 전체	패턴 이중 패턴 관계 규칙 여러 가지 규칙	모든 경우 구하기 분류하기 표와 그래프 추론하기	수 연산 도형 측정 규칙 문제해결력

입문 (초1~3)	A(수와 연산)	B(도형)	C(측정)	D(규칙)	E(자료와 가능성)	F(문제해결력)	G(워크북)
	수와 숫자 조건에 맞는 수 수의 크기 비교 합과 차 식 만들기 벌레 먹은 셈	평면도형 입체도형 모양 찾기 도형 나누기와 움직이기 쌓기나무	길이 비교 길이 재기 넓이와 들이 비교 무게 비교 시계와 달력	수 규칙 여러 가지 패턴 수 배열표 암호 새로운 연산 기호	경우의 수 리그와 토너먼트 분류하기 그림 그려 해결하기 표와 그래프	문제 만들기 주고 받기 어떤 수 구하기 재치있게 풀기 추론하기 미로와 퍼즐	수와 연산 도형 측정 규칙 자료와 가능성 문제해결력

초급 (초3~5)	A(수와 연산)	B(도형)	C(측정)	D(규칙)	E(자료와 가능성)	F(문제해결력)
	수 만들기 수와 숫자의 개수 연속하는 자연수 가장 크게, 가장 작게 도형이 나타내는 수 마방진	색종이 접어 자르기 도형 붙이기 도형의 개수 쌓기나무 주사위	길이와 무게 재기 시간과 들이 재기 덮기와 넓이 도형의 둘레 원	수 패턴 도형 패턴 수 배열표 새로운 연산 기호 규칙 찾아 해결하기	가짓수 구하기 리그와 토너먼트 금액 만들기 가장 빠른 길 찾기 표와 그래프(평균)	한붓 그리기 논리 추리 성냥개비 다른 방법으로 풀기 간격 문제 배수의 활용

중급 (초4~6)	A(수와 연산)	B(도형)	C(측정)	D(규칙)	E(자료와 가능성)	F(문제해결력)
	복면산 수와 숫자의 개수 연속하는 자연수 수와 식 만들기 크기가 같은 분수 여러 가지 마방진	도형 나누기 도형 붙이기 도형의 개수 기하판 정육면체	수직과 평행 다각형의 각도 접기와 각 붙여 만든 도형 단위 넓이의 활용	규칙성 찾기 도형과 연산의 규칙 규칙 찾아 개수 세기 교점과 영역 개수 수 배열의 규칙	경우의 수 비둘기집 원리 최단 거리 만들 수 있는, 없는 수 평균	논리 추리 님 게임 강 건너기 창의적으로 생각하기 효율적으로 생각하기 나머지 문제

고급 (초6~중등)	A(수와 연산)	B(도형)	C(측정)	D(규칙)	E(자료와 가능성)	F(문제해결력)
	연속하는 자연수 배수 판정법 여러 가지 진법 계산식에 써넣기 조건에 맞는 수 끝수와 숫자의 개수	입체도형의 성질 쌓기나무 도형 나누기 평면도형의 활용 입체도형의 부피, 겉넓이	시계와 각도 평면도형의 활용 도형의 넓이 거리, 속력, 시간 도형의 회전 그래프 이용하기	암호 해독하기 여러 가지 규칙 여러 가지 수열 연산 기호 규칙 도형에서의 규칙	경우의 수 비둘기집 원리 입체도형에서의 경로 영역 구분하기 확률	홀수와 짝수 조건 분석하기 다른 질량 찾기 뉴튼산 작업 능률

책의 구성과 활용

단원들어가기

친구들의 수학여행(MathTravel)과 함께 단원이 시작됩니다. 여행지에서 수학문제를 발견하고 창의적으로 해결해 나갑니다.

아이앤아이 수학여행 친구들

여행 중에 만난 수학 관련 문제들을 푸는 친구들입니다.

무우
팀의 맏리더. 행동파 리더.

상상
팀의 챙김이 언니, 아이디어 뱅크.

알알
진지하고 생각많은 똘똘이 알알이.

제이
궁금한게 많은 막내 엉뚱이 제이.

소단원 A

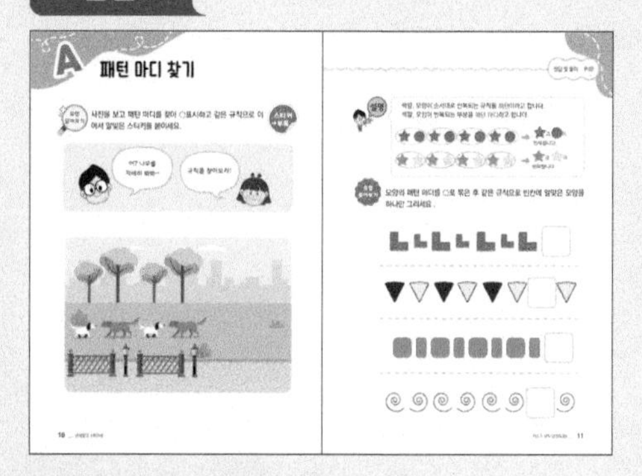

소단원 A의 내용을 공부합니다.

확인하기

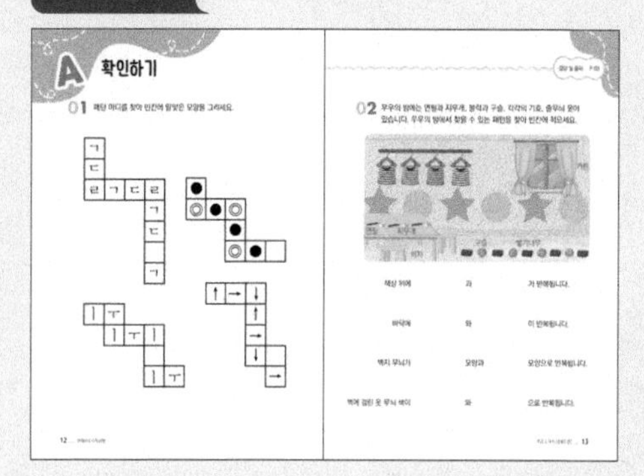

소단원 A에 관한 '확인하기' 문제를 풉니다.

소단원 B

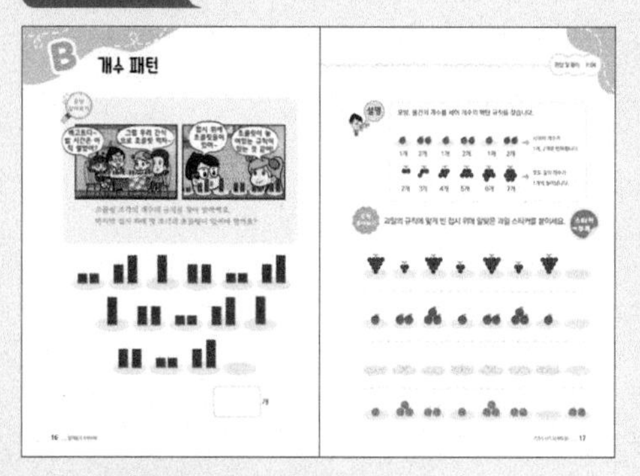

소단원 B의 내용을 공부합니다.

확인하기

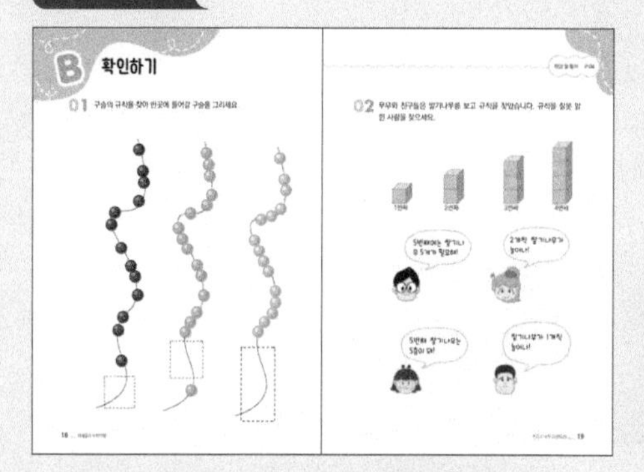

소단원 B에 관한 '확인하기' 문제를 풉니다.

소단원 C

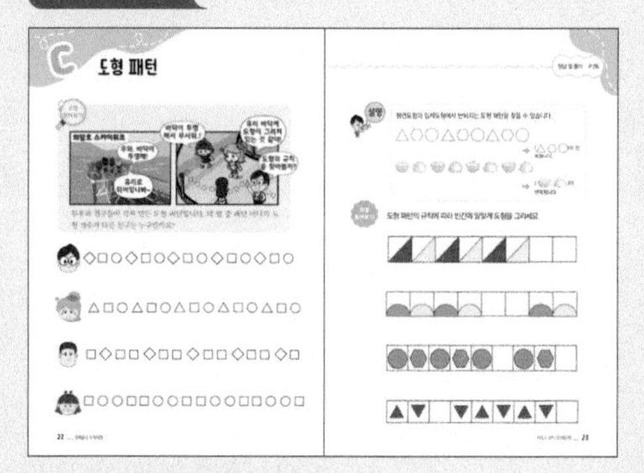

소단원 C의 내용을 공부합니다.

확인하기

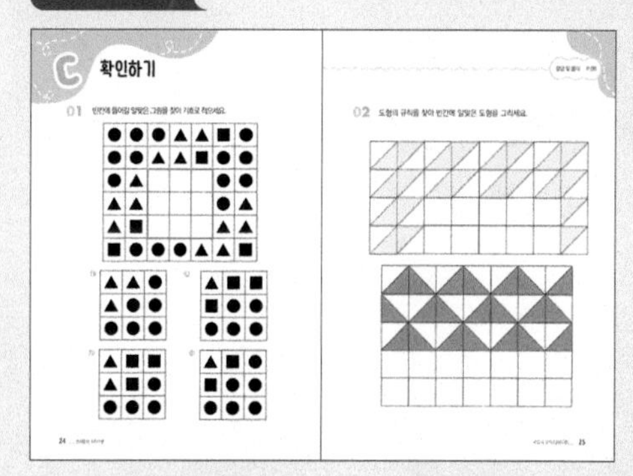

소단원 C에 관한 '확인하기' 문제를 풉니다.

실력 쑥쑥 키우기

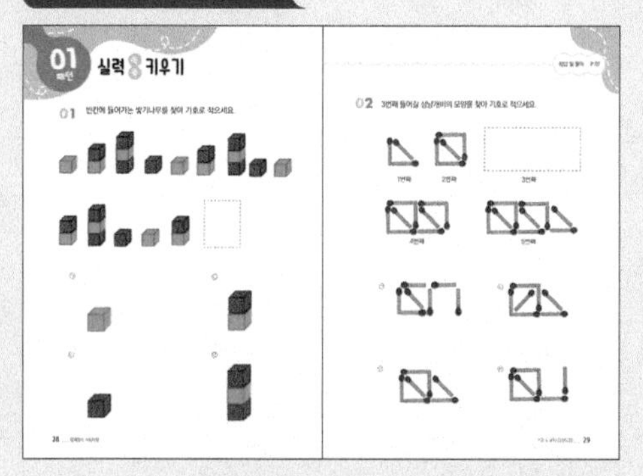

소단원 A, B, C에 관한 심화, 응용문제를 풉니다.

정답 및 풀이

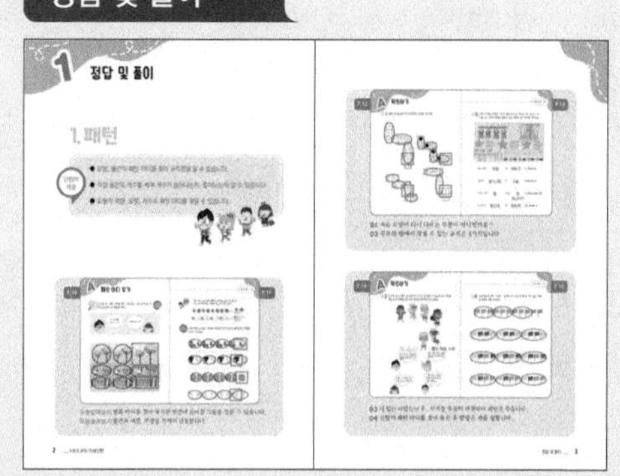

상세한 풀이과정과 함께 수학적 사고력을 완성합니다.

차례
CONTENTS

키즈 6세 7세 초1 E 규칙

잎의 개수 ?

관찰일	잎 개수
11월 1일	1개
11월 2일	1개
11월 3일	3개
11월 4일	3개
11월 5일	5개
11월 6일	5개
11월 7일	7개
11월 8일	7개

1. 패턴

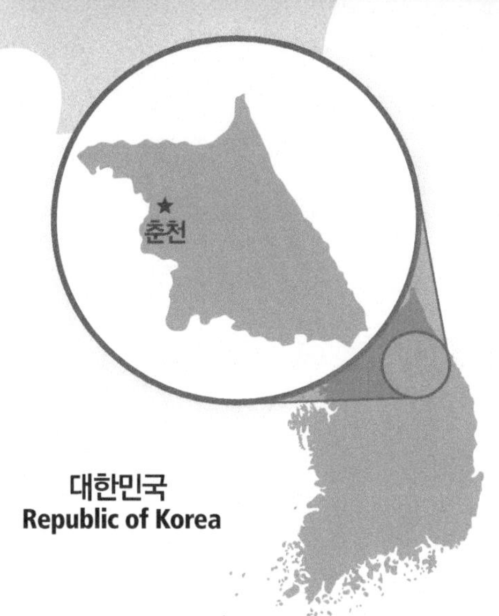

강원도 첫째 날 DAY 1

무우와 친구들은 강원도 여행 첫째 날, <춘천>에 도착했어요. <춘천> 에서 만날 수학 문제에는 어떤 것들이 있을까요? 즐거운 수학여행 출발~!

패턴 마디 찾기

사진을 보고 패턴 마디를 찾아 ○표시하고 같은 규칙으로 이어서 알맞은 스티커를 붙이세요.

정답 및 풀이 P.02

색깔, 모양이 순서대로 반복되는 규칙을 패턴이라고 합니다.
색깔, 모양이 반복되는 부분을 패턴 마디라고 합니다.

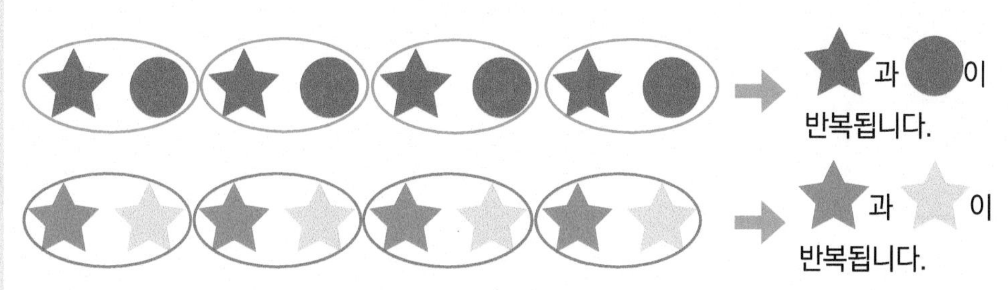

유형 풀어보기

모양의 패턴 마디를 ○로 묶은 후 같은 규칙으로 빈칸에 알맞은 모양을 하나만 그리세요 .

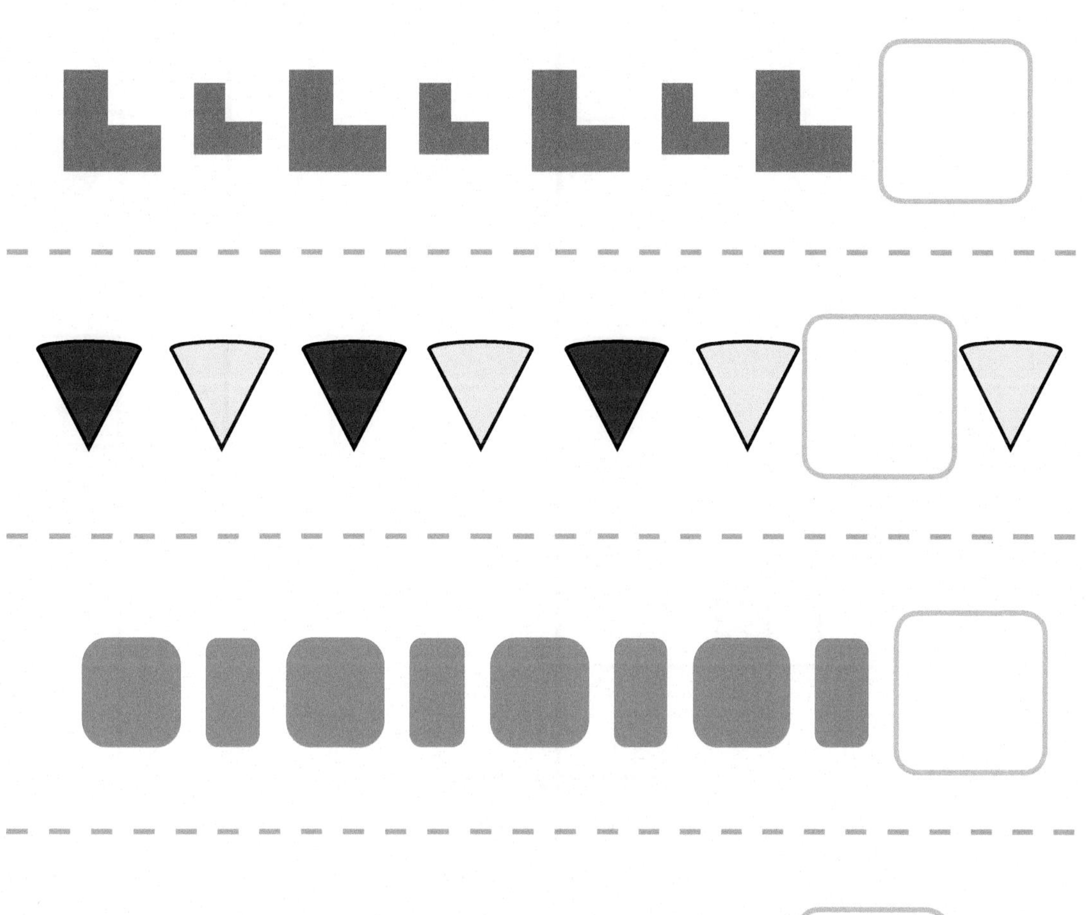

A 확인하기

01 패턴 마디를 찾아 빈칸에 알맞은 모양을 그리세요.

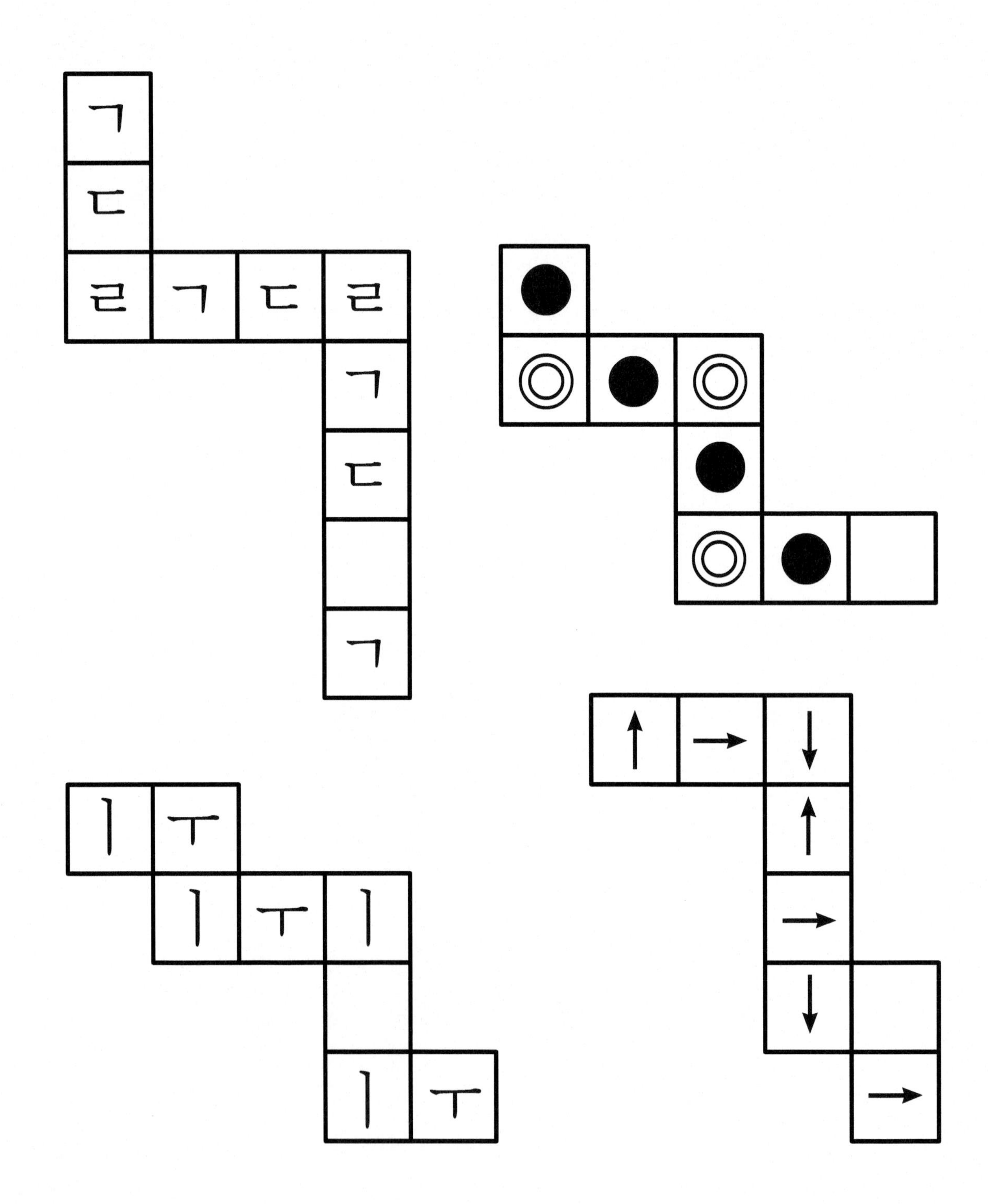

정답 및 풀이 P.03

02 무우의 방에는 연필과 지우개, 블럭과 구슬, 각각의 기호, 줄무늬 옷이 있습니다. 무우의 방에서 찾을 수 있는 패턴을 찾아 빈칸에 적으세요.

책상 위에 과 가 반복됩니다.

바닥에 와 이 반복됩니다.

벽지 무늬가 모양과 모양으로 반복됩니다.

벽에 걸린 옷 무늬 색이 와 으로 반복됩니다.

A 확인하기

03 무우네 반 친구들이 서 있습니다. 무우와 친구들은 그 모습을 보고 패턴을 찾았습니다. 화살표 방향으로 패턴을 잘못 말한 사람을 찾아 바르게 고치세요.

정답 및 풀이 P.03

04 깃발 색깔의 패턴 마디를 ○로 묶은 후, 같은 규칙으로 색이 없는 깃발에 알맞은 색을 칠하세요.

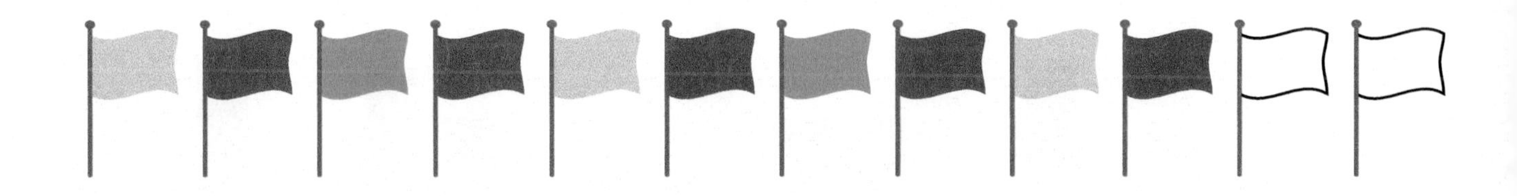

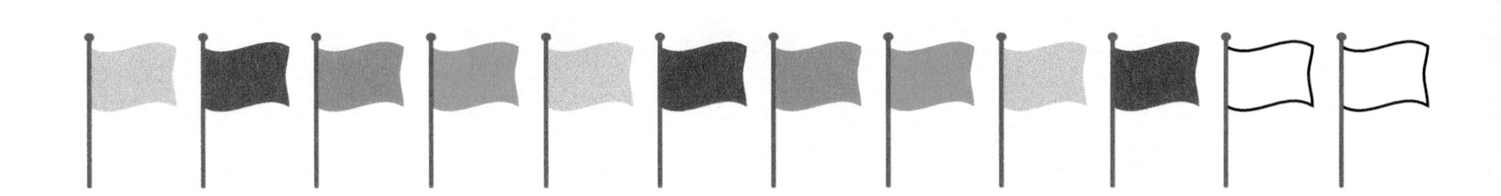

B 개수 패턴

유형 알아보기

초콜릿 조각의 개수의 규칙을 찾아 말하세요.
마지막 접시 위에 몇 조각의 초콜릿이 있어야 할까요?

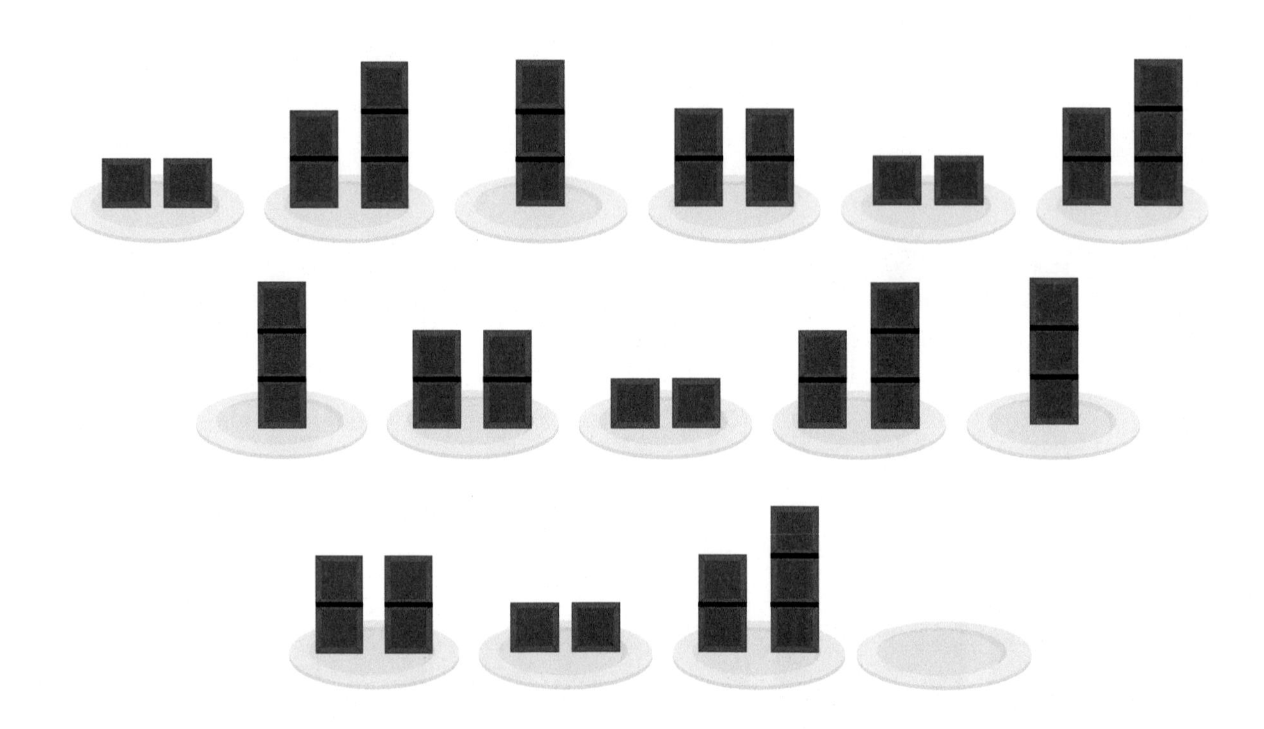

개

정답 및 풀이 P.04

모양, 물건의 개수를 세어 개수의 패턴 규칙을 찾습니다.

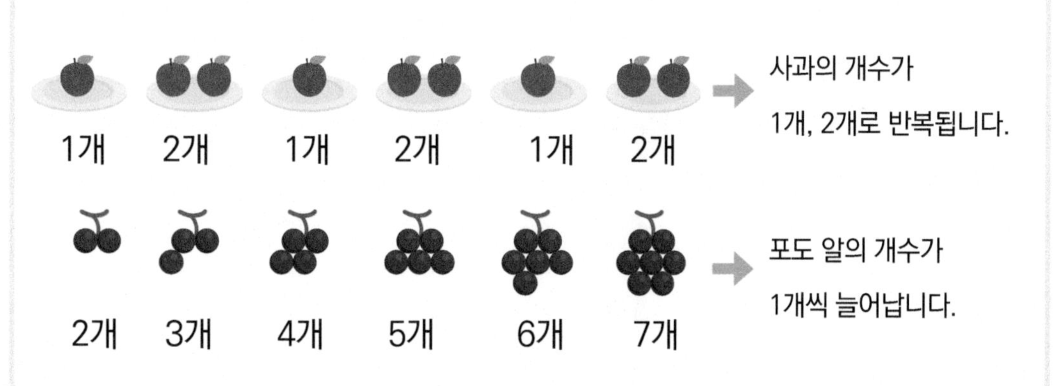

유형 풀어보기

과일의 규칙에 맞게 빈 접시 위에 알맞은 과일 스티커를 붙이세요.

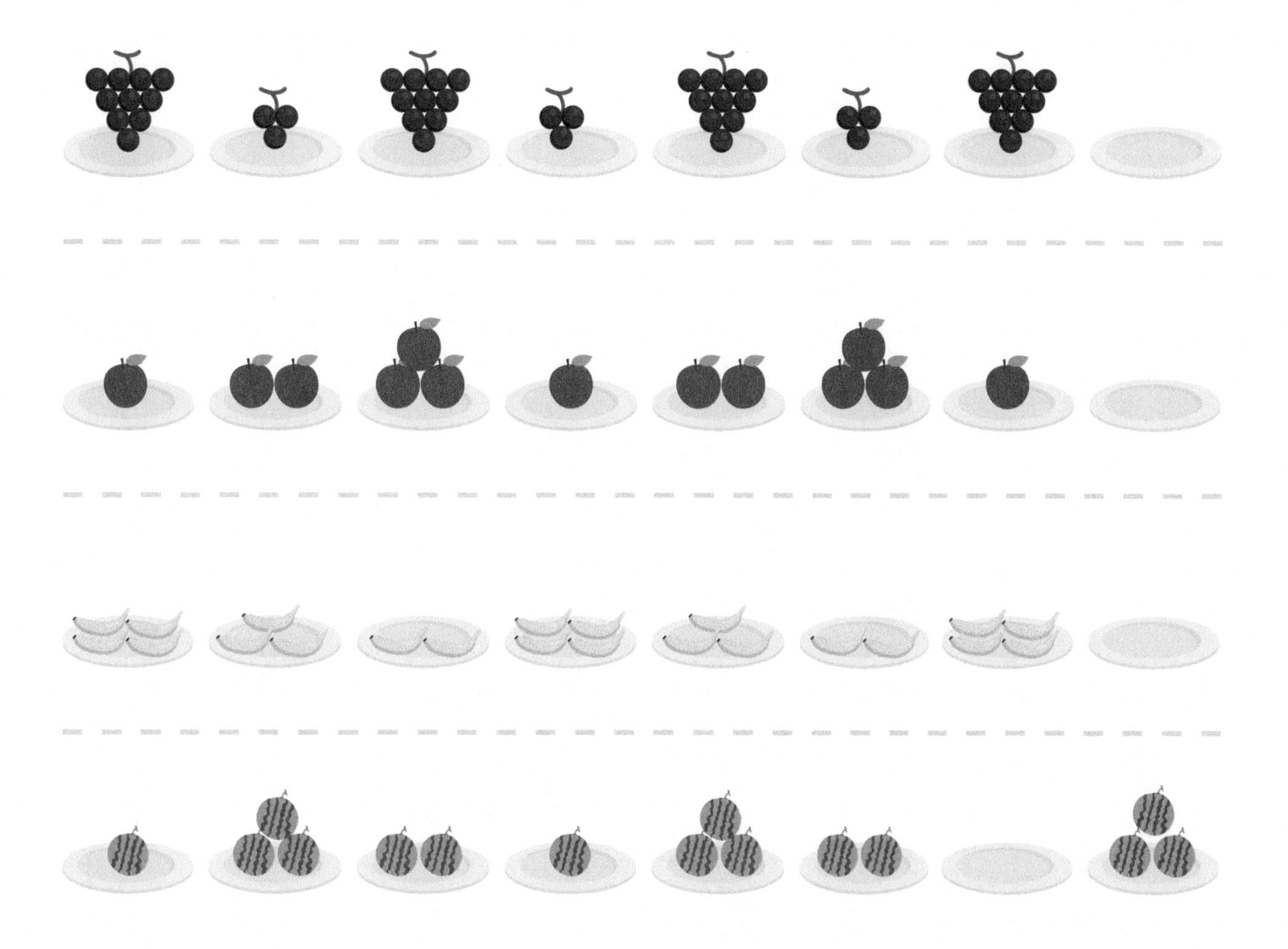

B 확인하기

01 구슬의 규칙을 찾아 빈곳에 들어갈 구슬을 그리세요.

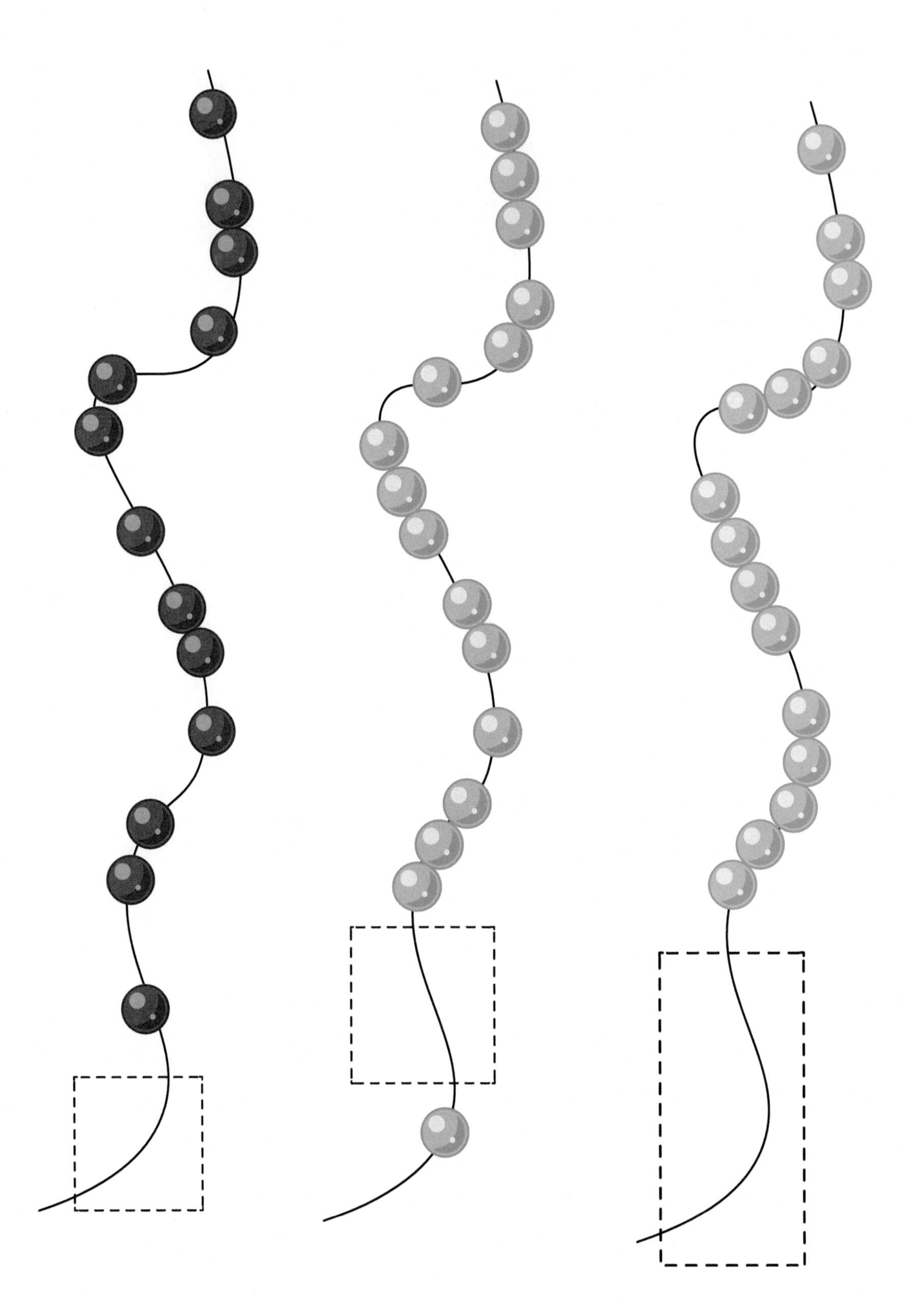

02 무우와 친구들은 쌓기나무를 보고 규칙을 찾았습니다. 규칙을 잘못 말한 사람을 찾으세요.

B 확인하기

03 규칙에 따라 바둑돌의 개수가 늘어납니다. 물음에 알맞은 정답을 적으세요.

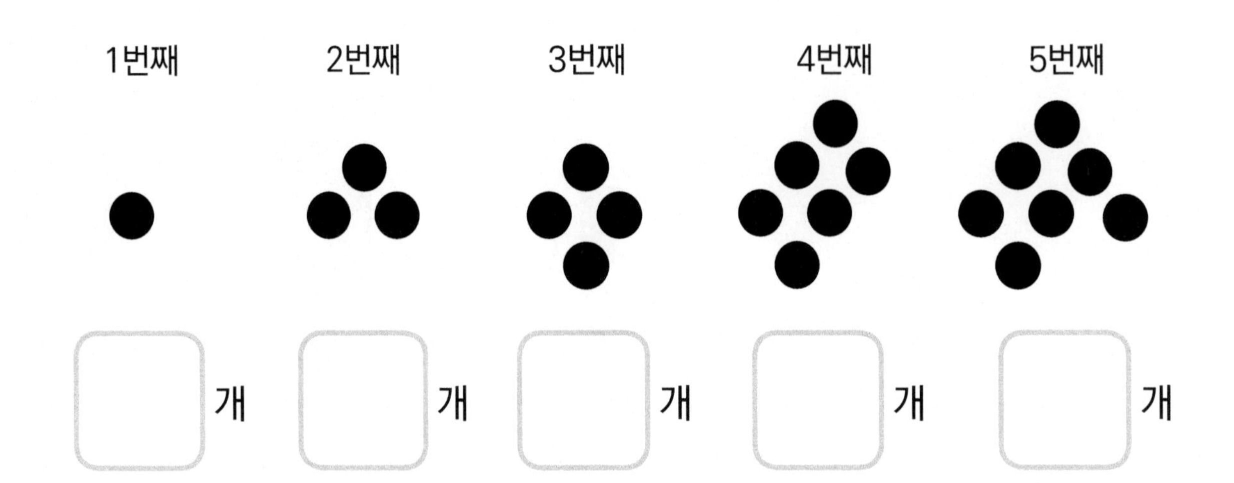

물음 1. 각 바둑돌의 개수를 세어 위의 빈칸에 적으세요.

물음 2. 바둑돌의 개수의 규칙을 알맞게 빈칸에 적으세요.

규칙 : 바둑돌이 ☐ 개와 ☐ 개씩 늘어납니다.

물음 2. 6번째에는 몇 개의 바둑돌을 놓아야 할까요?

정답 : ______개

04 5번째 들어갈 구슬을 찾아 동그라미 표시하세요.

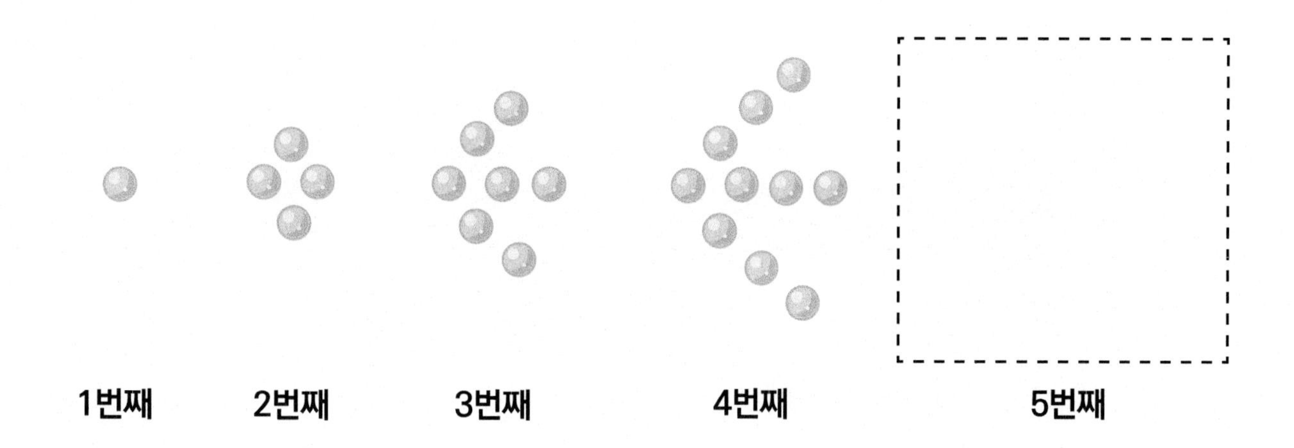

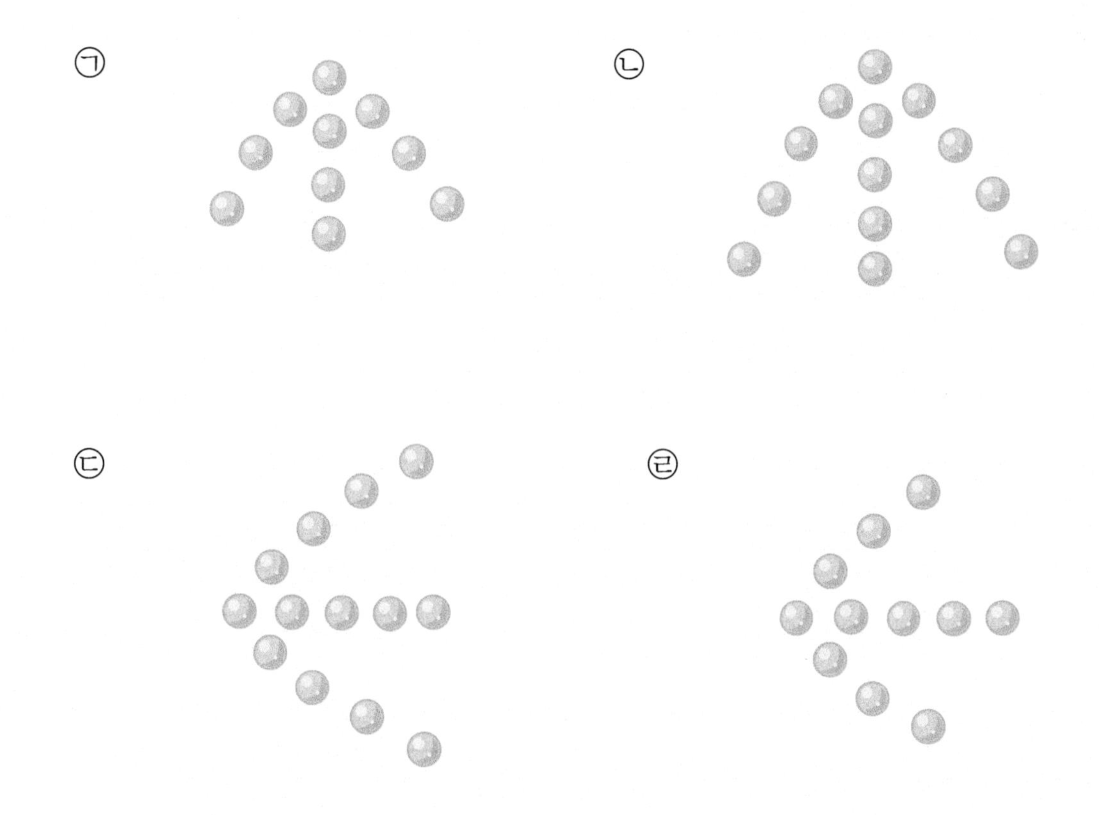

C 도형 패턴

유형 알아보기

무우와 친구들이 각자 만든 도형 패턴입니다. 네 명 중 패턴 마디의 도형 개수가 다른 친구는 누구일까요?

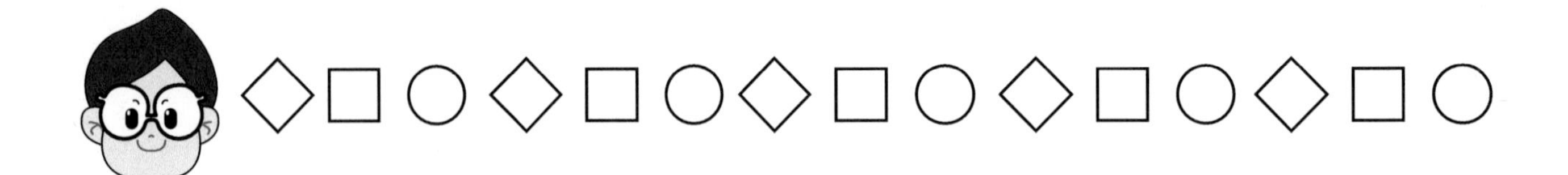

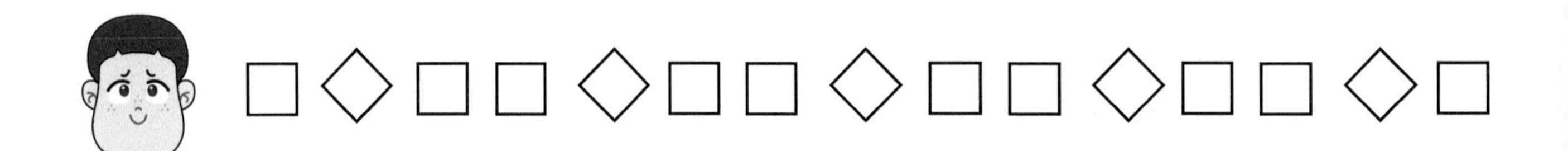

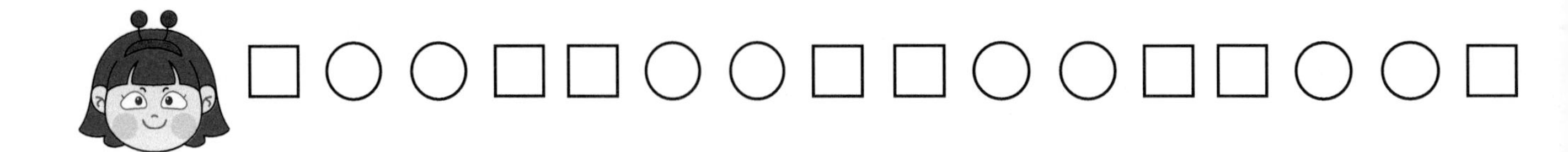

정답 및 풀이 P.05

평면도형과 입체도형에서 반복되는 도형 패턴을 찾을 수 있습니다.

도형 패턴의 규칙에 따라 빈칸에 알맞게 도형을 그리세요.

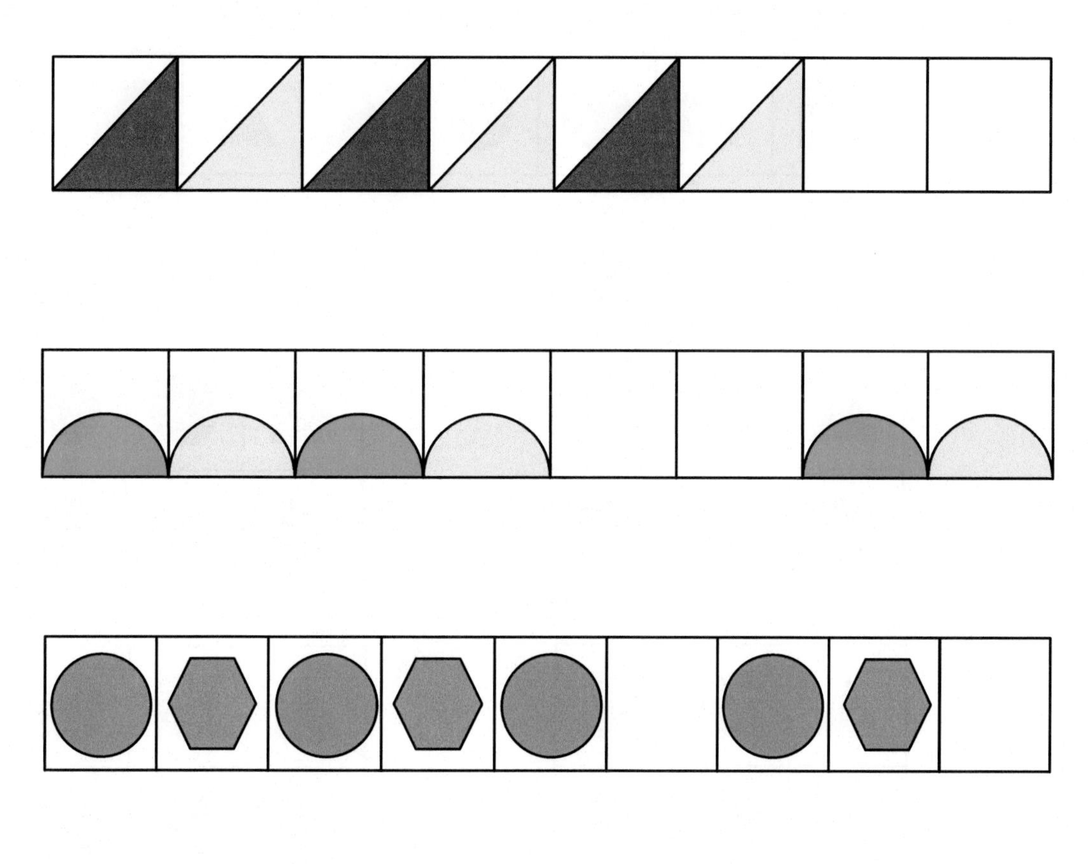

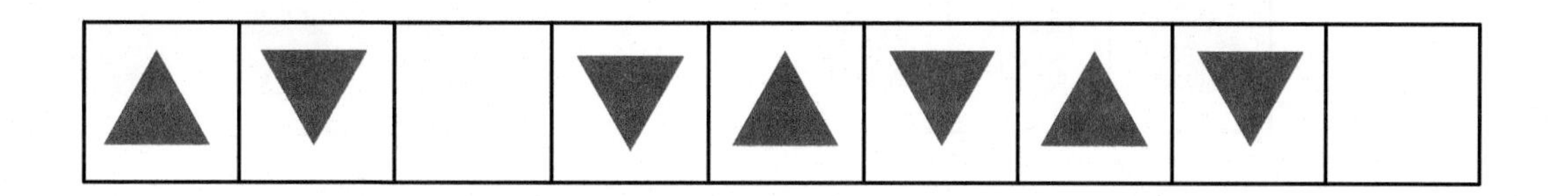

C 확인하기

01 빈칸에 들어갈 알맞은 그림을 찾아 기호로 적으세요.

●	●	●	▲	▲	■	●
●	●	▲	▲	■	●	●
●	▲				●	●
▲	▲				●	▲
▲	■				▲	▲
■	●	●	●	▲	▲	■

㉠

▲	▲	●
▲	●	●
●	●	●

㉡

▲	■	■
■	●	●
●	●	●

㉢

▲	■	■
▲	■	●
●	●	●

㉣

▲	■	●
■	●	●
●	●	●

정답 및 풀이 P.06

02 도형의 규칙을 찾아 빈칸에 알맞은 도형을 그리세요.

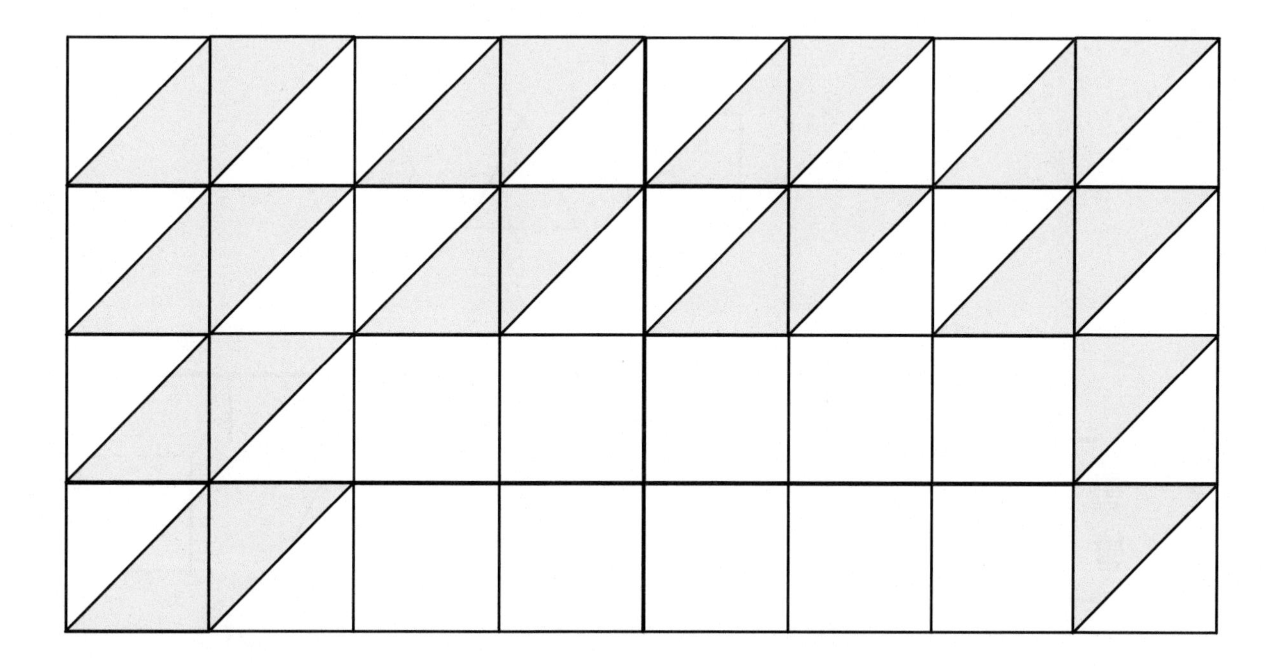

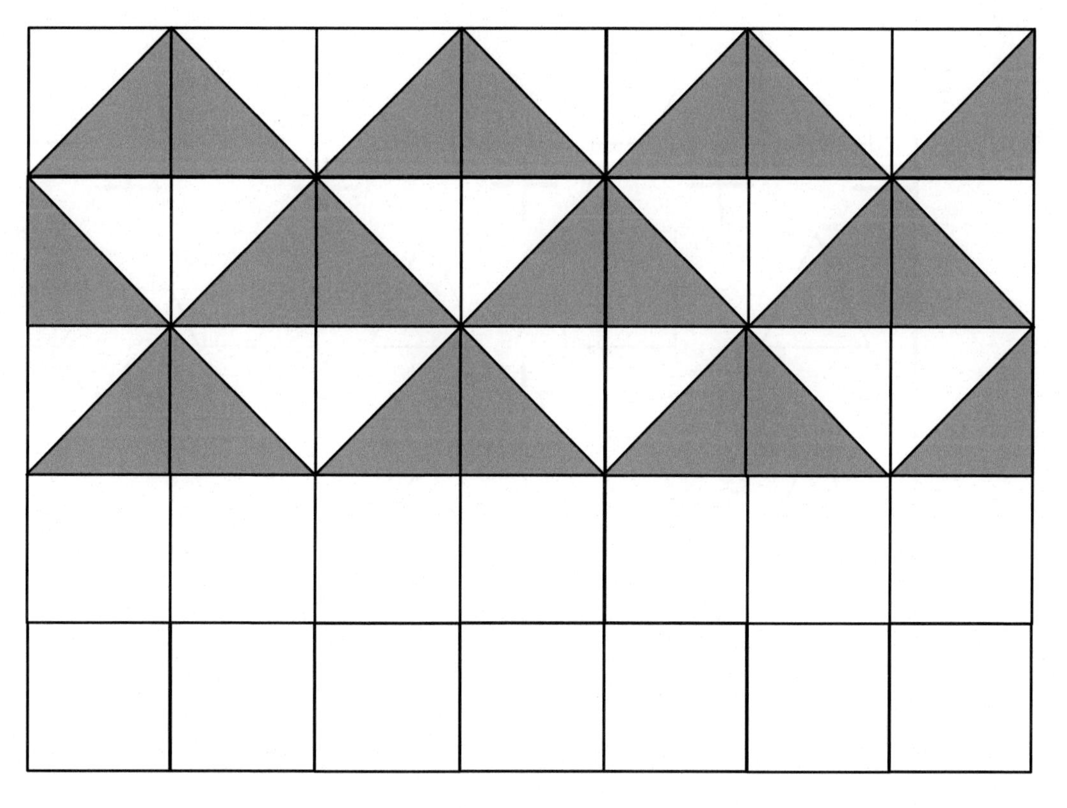

C 확인하기

03 〈보기〉의 도형을 반복마디로 하여 출발점부터 도착점까지 선으로 연결하세요.

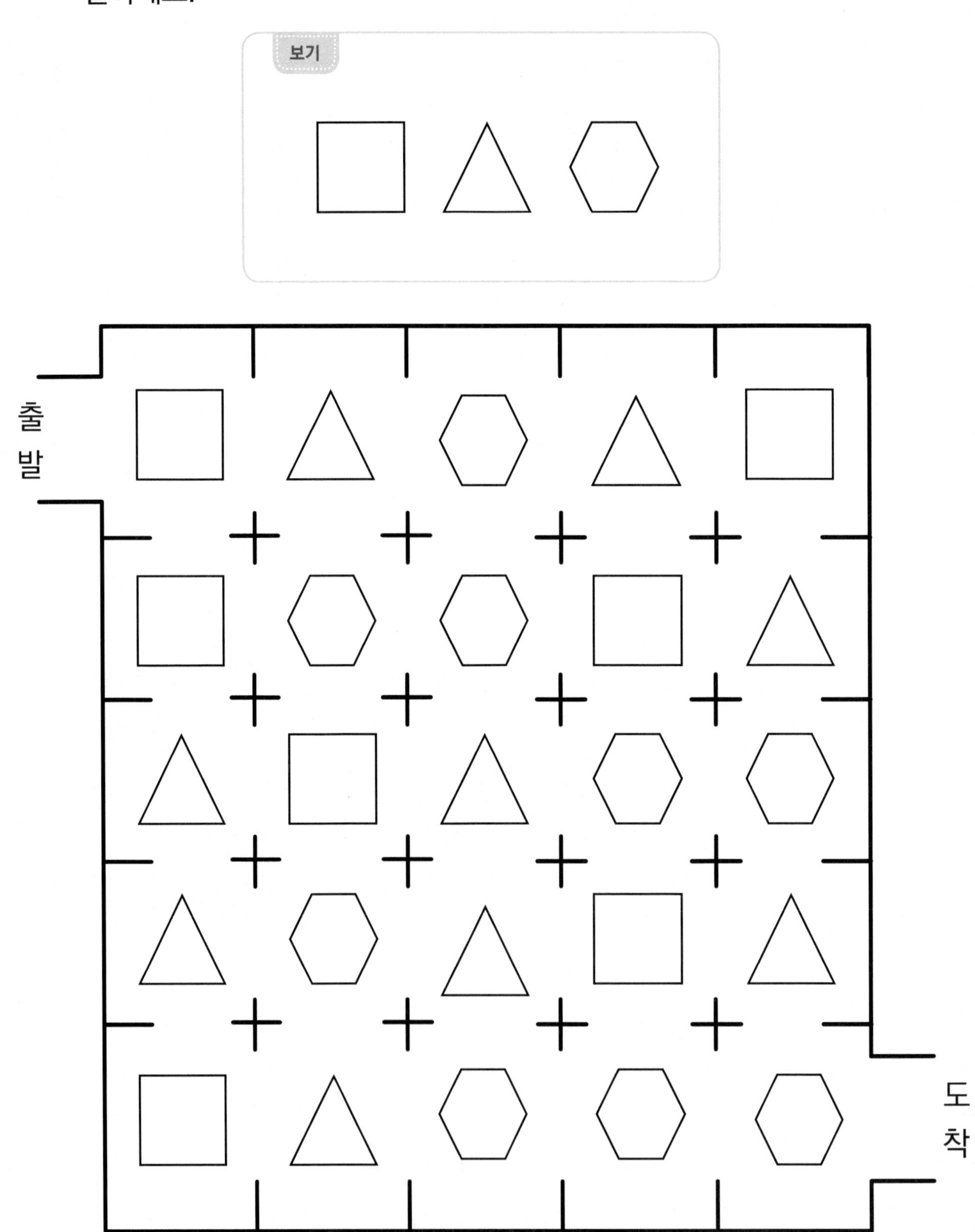

정답 및 풀이 P.06

04 선의 패턴을 찾아 그림을 완성하세요.

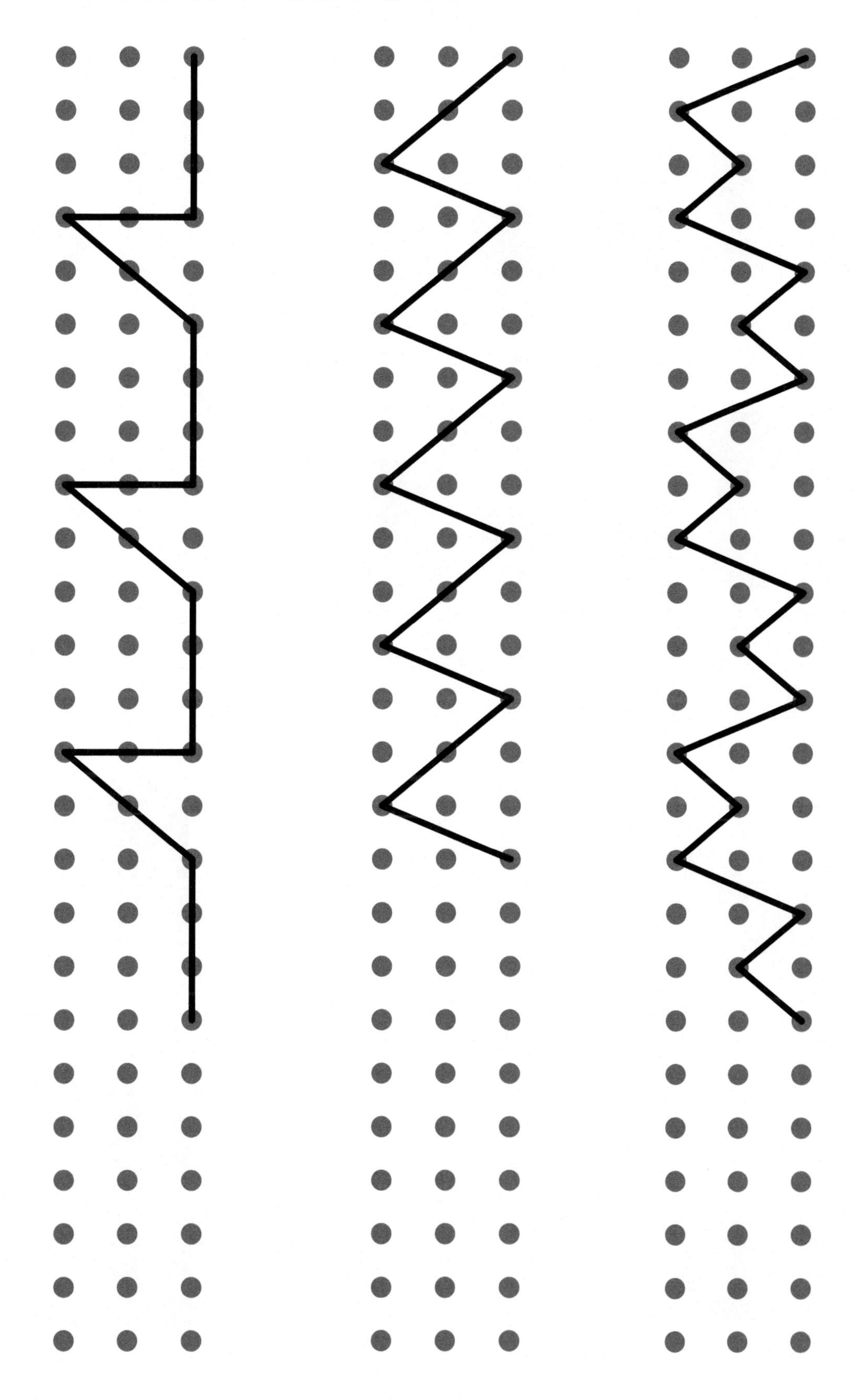

01 패턴

실력 쑥쑥 키우기

01 빈칸에 들어가는 쌓기나무를 찾아 기호로 적으세요.

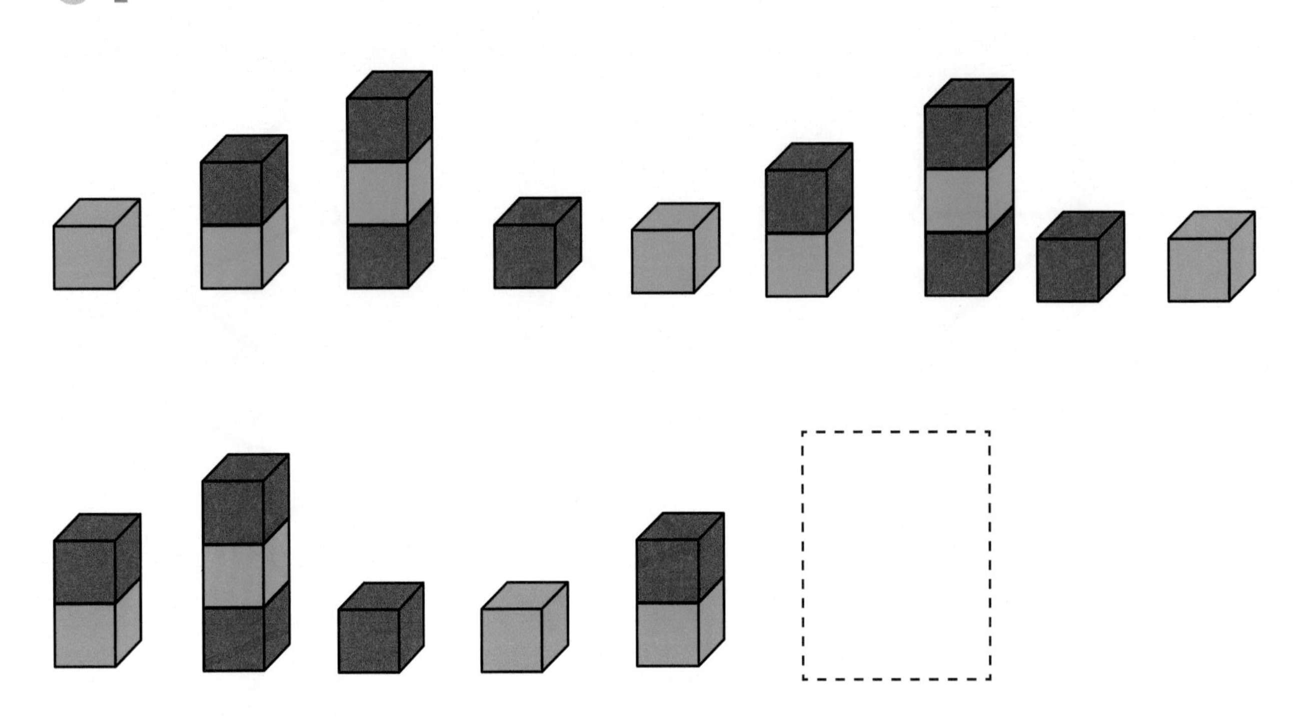

㉠

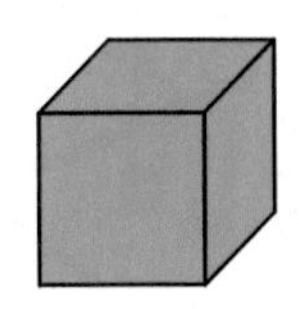

㉡

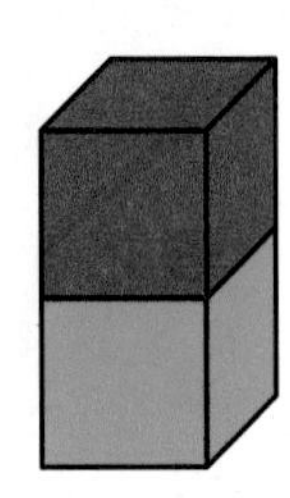

㉢

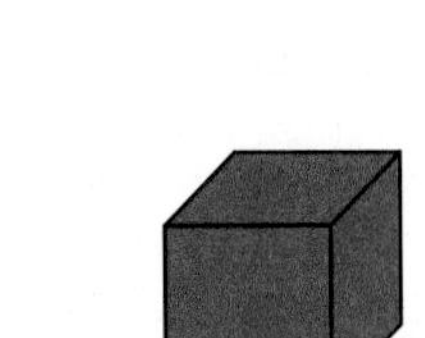

㉣

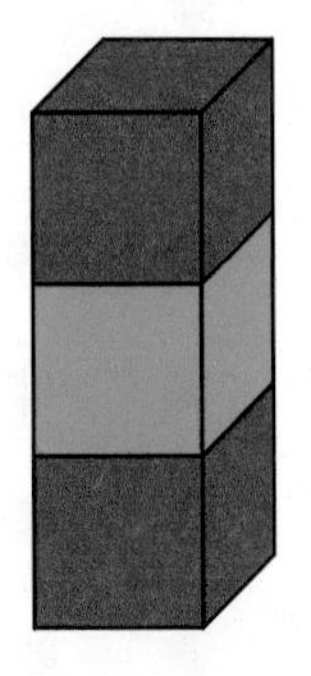

02 3번째 들어갈 성냥개비의 모양을 찾아 기호로 적으세요.

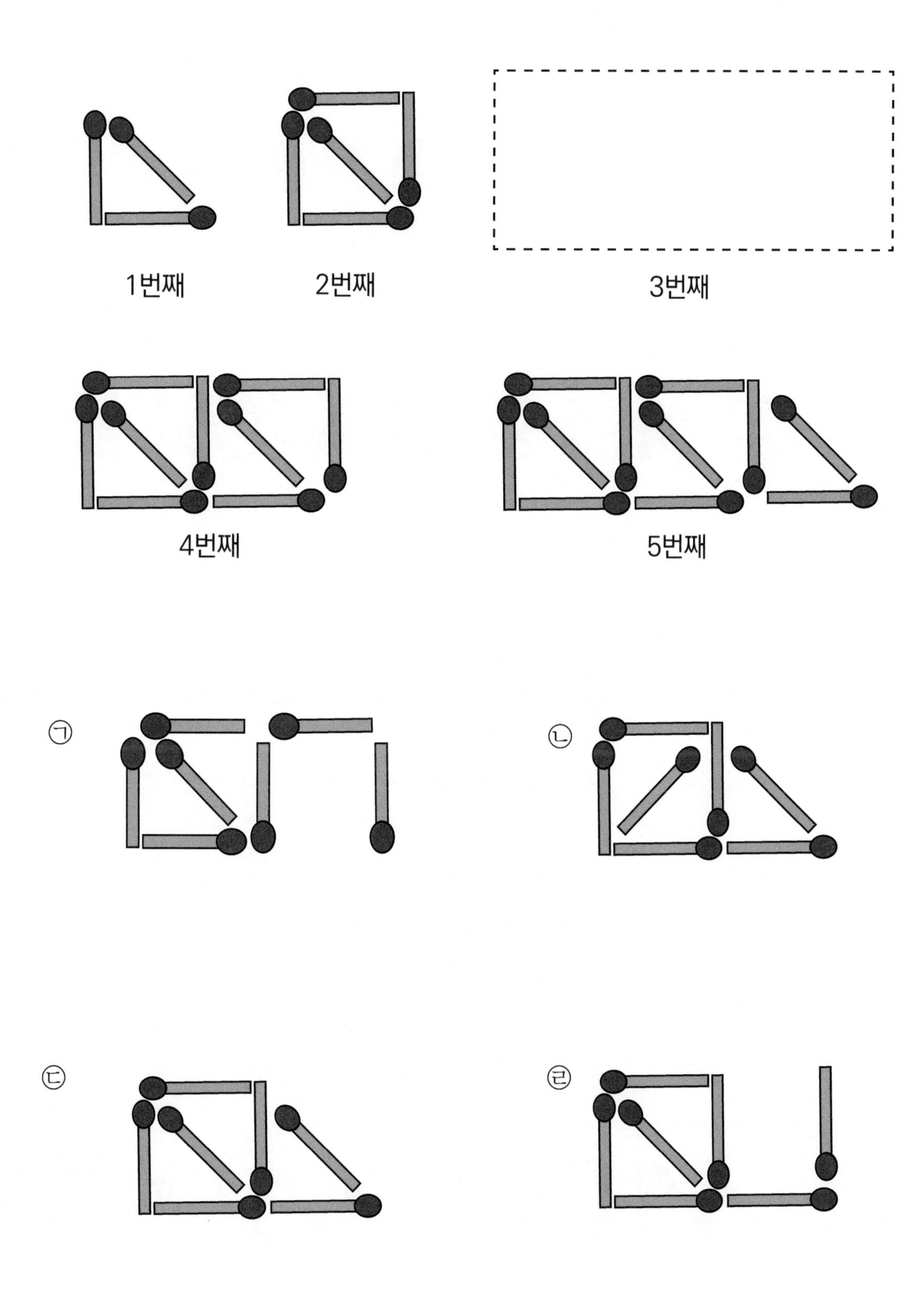

01 패턴

실력 쑥쑥 키우기

03 규칙에 맞지 않는 것 하나를 찾아 ○표시하세요.

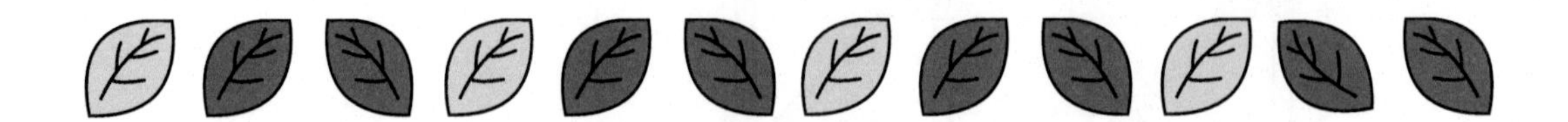

04 구슬의 개수를 세어 빈칸에 알맞은 수를 적고 올바른 말에 ○표시하세요.

규칙 : 구슬이 ☐ 개씩 (늘어납니다, 줄어듭니다).

규칙 : 구슬이 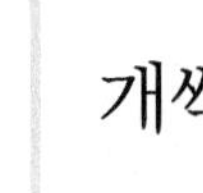 개씩 (늘어납니다, 줄어듭니다).

규칙 : 구슬이  개씩 (늘어납니다, 줄어듭니다).

규칙 : 구슬이  개씩 (늘어납니다, 줄어듭니다).

01 패턴 실력 쑥쑥 키우기

05 무우와 친구들 중 빈칸에 들어가는 도형이 다른 사람을 찾으세요.

06

창의융합문제

무우와 친구들은 쌓기나무를 보고 규칙을 찾았습니다. 규칙을 잘못 사람을 찾으세요.

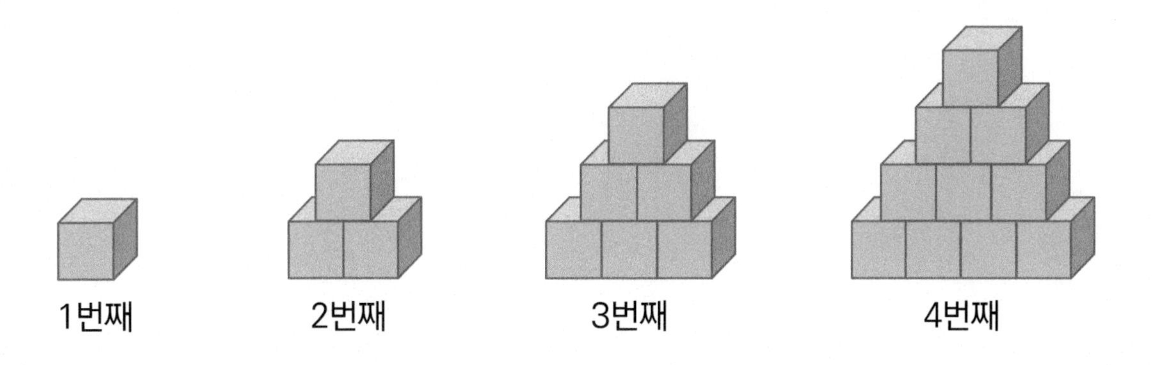

5번째에는 쌓기나무 15개가 놓여!

5번째 쌓기나무는 5층이 돼!

쌓기나무가 2개씩 늘어나!

4번째에서 5번째로 갈 때, 쌓기나무 5개가 늘어나

생활 속 패턴?

우리 생활 속 에서도 패턴을 찾을 수 있어~
응? 무슨 패턴?
봄, 여름, 가을, 겨울도 패턴이고~ 오전, 오후도 패턴인 거야~
아하! 그럼 시계랑 달력에도 패턴이 있는 거네~

2. 이중 패턴

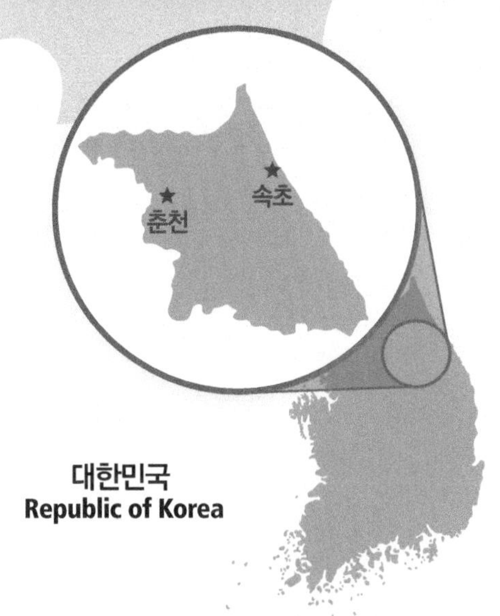

강원도 첫째 날 DAY 2

무우와 친구들은 강원도 여행 둘째 날, <속초>에 도착했어요. <속초> 에서 만날 수학 문제에는 어떤 것들이 있을까요? 즐거운 수학여행 출발~!

모양과 색깔 패턴

무우와 제이의 대화 내용에 맞게 접시 위에 사탕 스티커를 붙이세요.

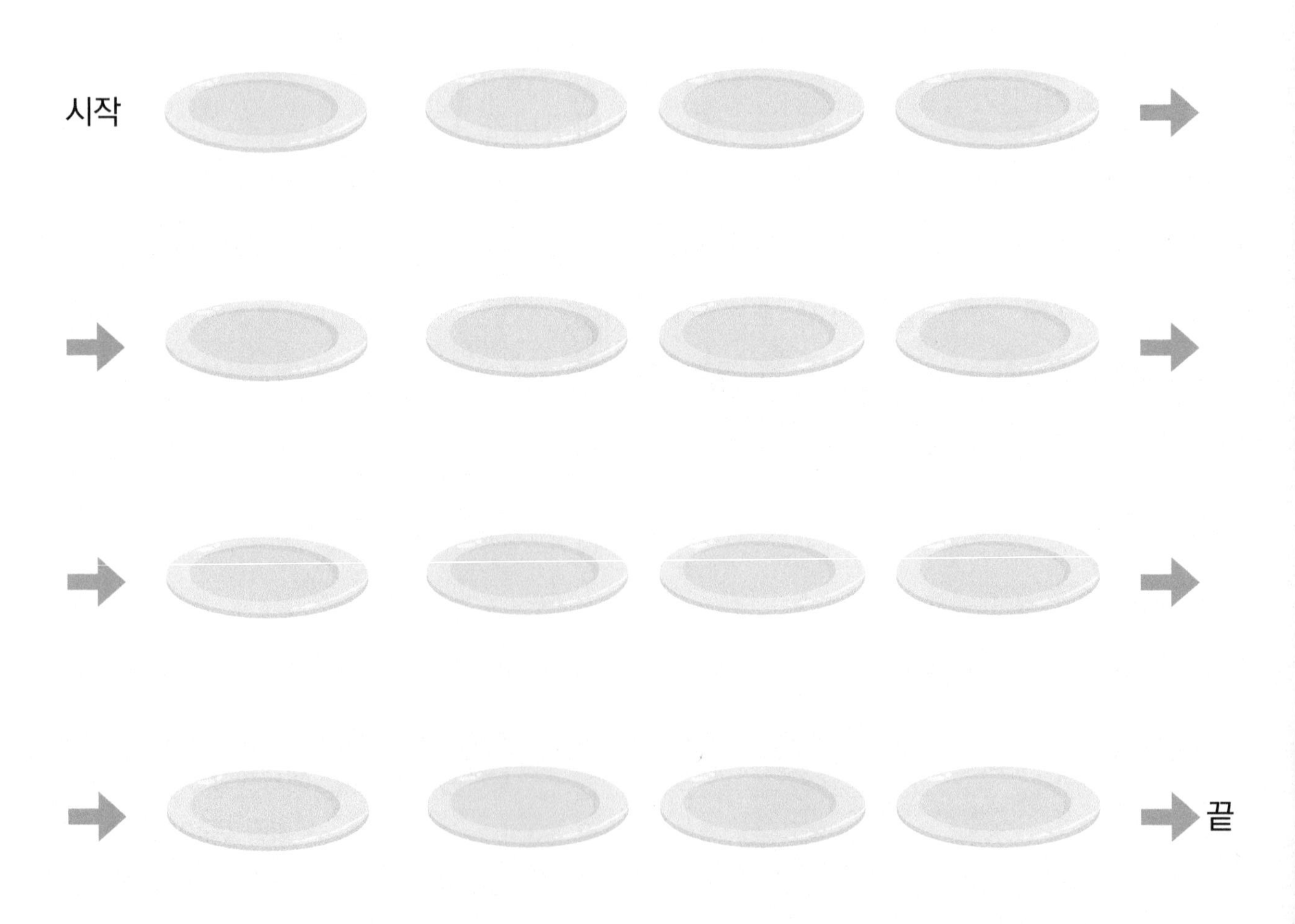

정답 및 풀이 P.09

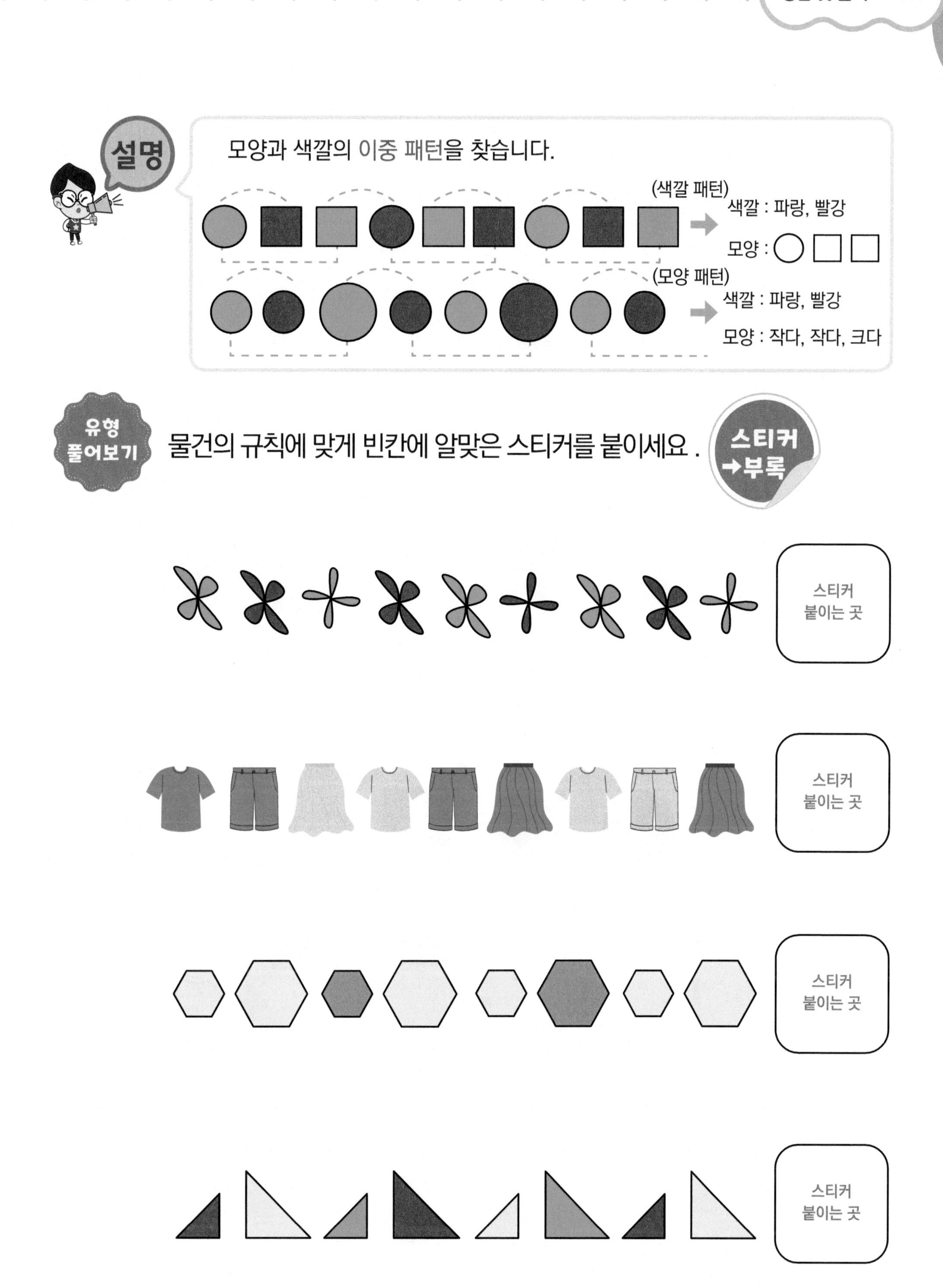
설명
모양과 색깔의 이중 패턴을 찾습니다.
(색깔 패턴)
색깔 : 파랑, 빨강
모양 :
(모양 패턴)
색깔 : 파랑, 빨강
모양 : 작다, 작다, 크다
유형 풀어보기
물건의 규칙에 맞게 빈칸에 알맞은 스티커를 붙이세요 .
스티커 →부록
스티커 붙이는 곳
스티커 붙이는 곳
스티커 붙이는 곳
스티커 붙이는 곳

A 확인하기

01 〈보기〉의 조건에 맞게 출발점부터 도착점까지 미로를 연결하세요.

보기

〈조건〉

1. 도형 색은 검은색, 흰색으로 반복됩니다.
2. 도형은 삼각형, 사각형, 원으로 반복됩니다.

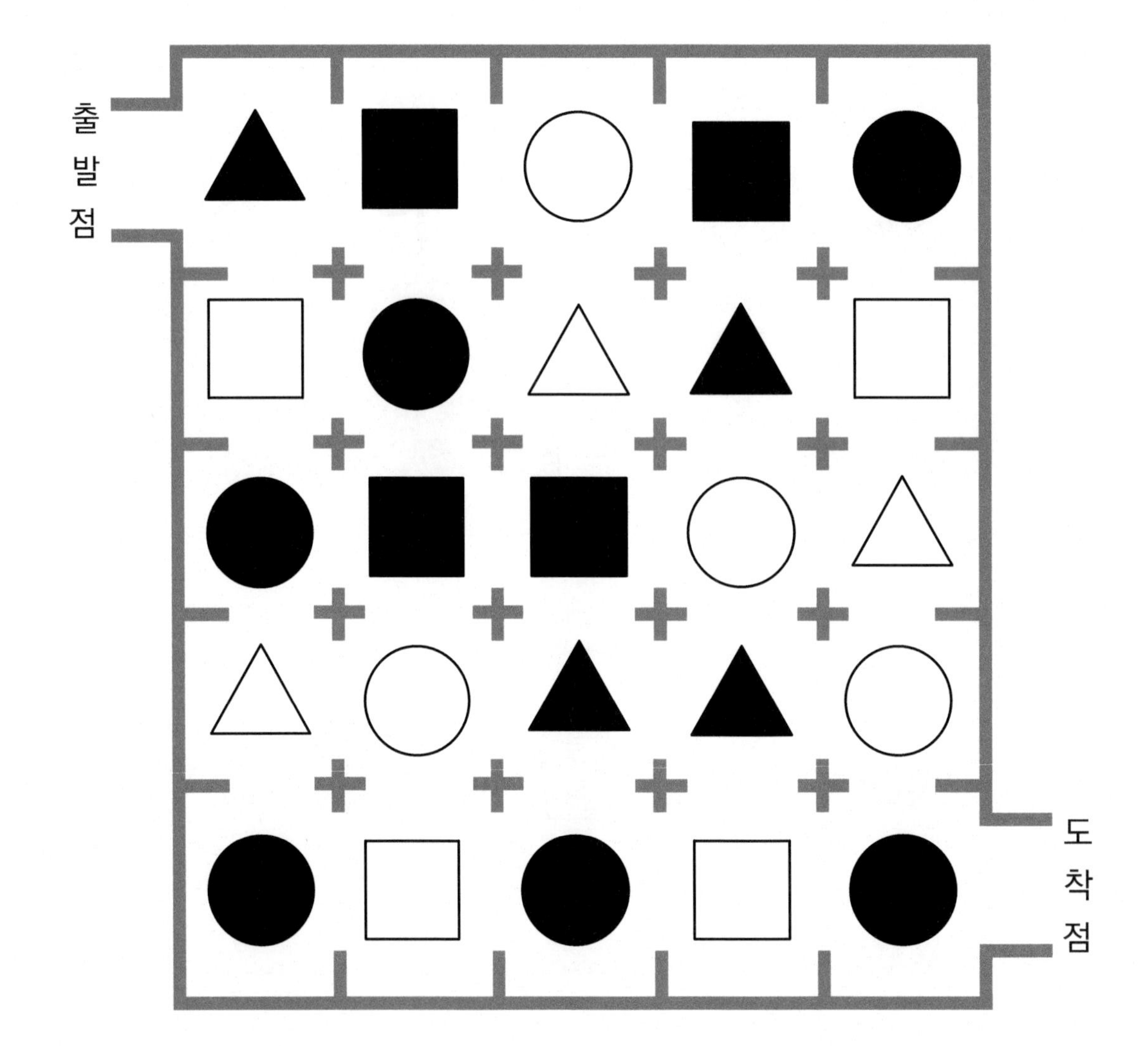

02 규칙을 찾아 빈칸에 알맞은 모양을 그리고 색깔을 적으세요.

도형의 모양이 ☐ ☐ 으로 반복됩니다.

도형의 색깔이 ☐ 색, ☐ 색, ☐ 색으로 반복됩니다.

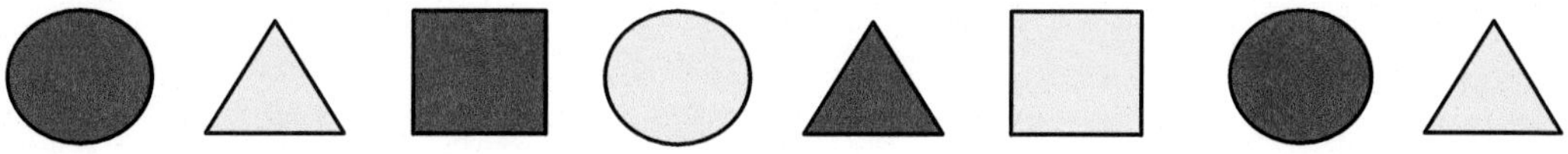

도형의 모양이 ☐ ☐ ☐ 으로 반복됩니다.

도형의 색깔이 ☐ 색, ☐ 색으로 반복됩니다.

도형의 모양이 ☐ ☐ 으로 반복됩니다.

도형의 색깔이 ☐ 색, ☐ 색, ☐ 색으로 반복됩니다.

A 확인하기

03 규칙에 맞게 빈칸에 들어갈 구슬을 찾아 기호로 적으세요.

㉠ ㉡

㉢ ㉣

정답 및 풀이 P.10

04 규칙에 맞게 □에 들어갈 알맞은 그림을 찾아 기호로 적으세요.

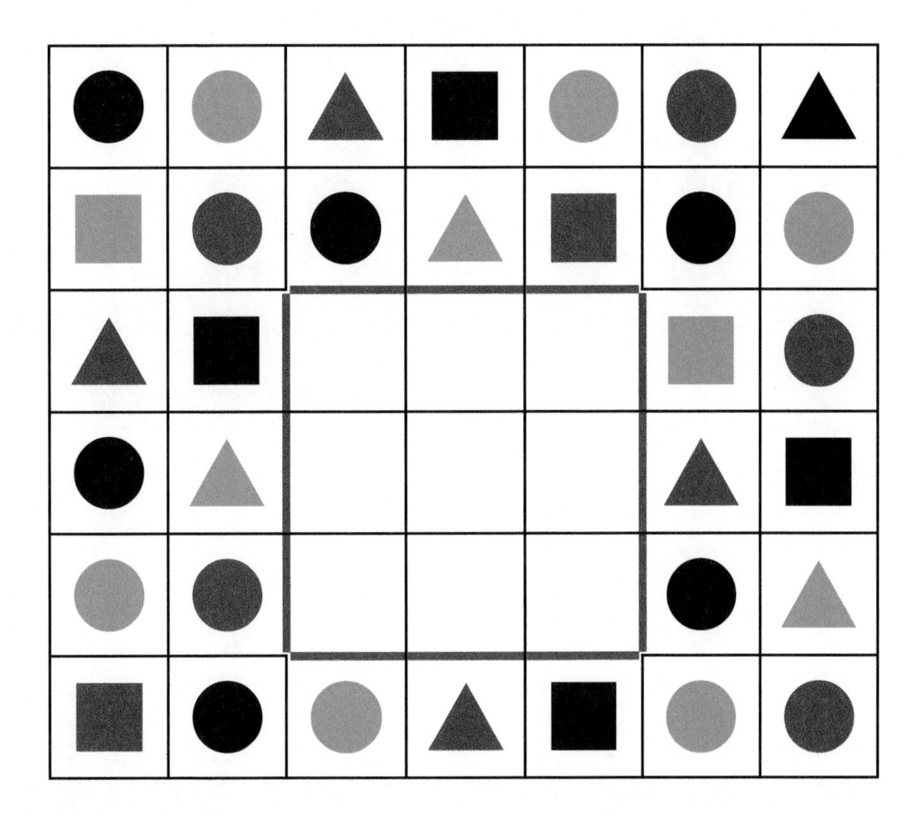

㉠

㉡

㉢

㉣

B 개수와 색깔 패턴

유형 알아보기

쌓여있는 돌의 규칙을 보고 빈곳에 들어갈 돌을 알맞게 색칠하세요.

정답 및 풀이 P.11

개수와 색깔의 이중 패턴을 찾습니다.

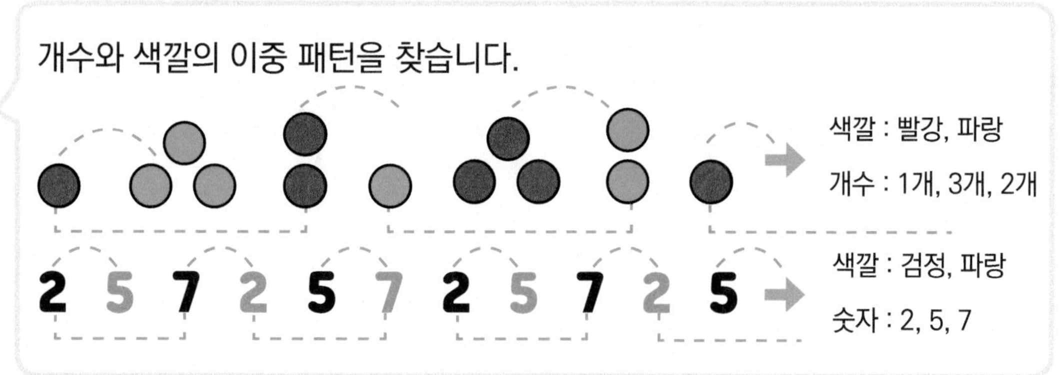

유형 풀어보기

규칙에 맞게 빈칸에 알맞은 도형을 그리세요 .

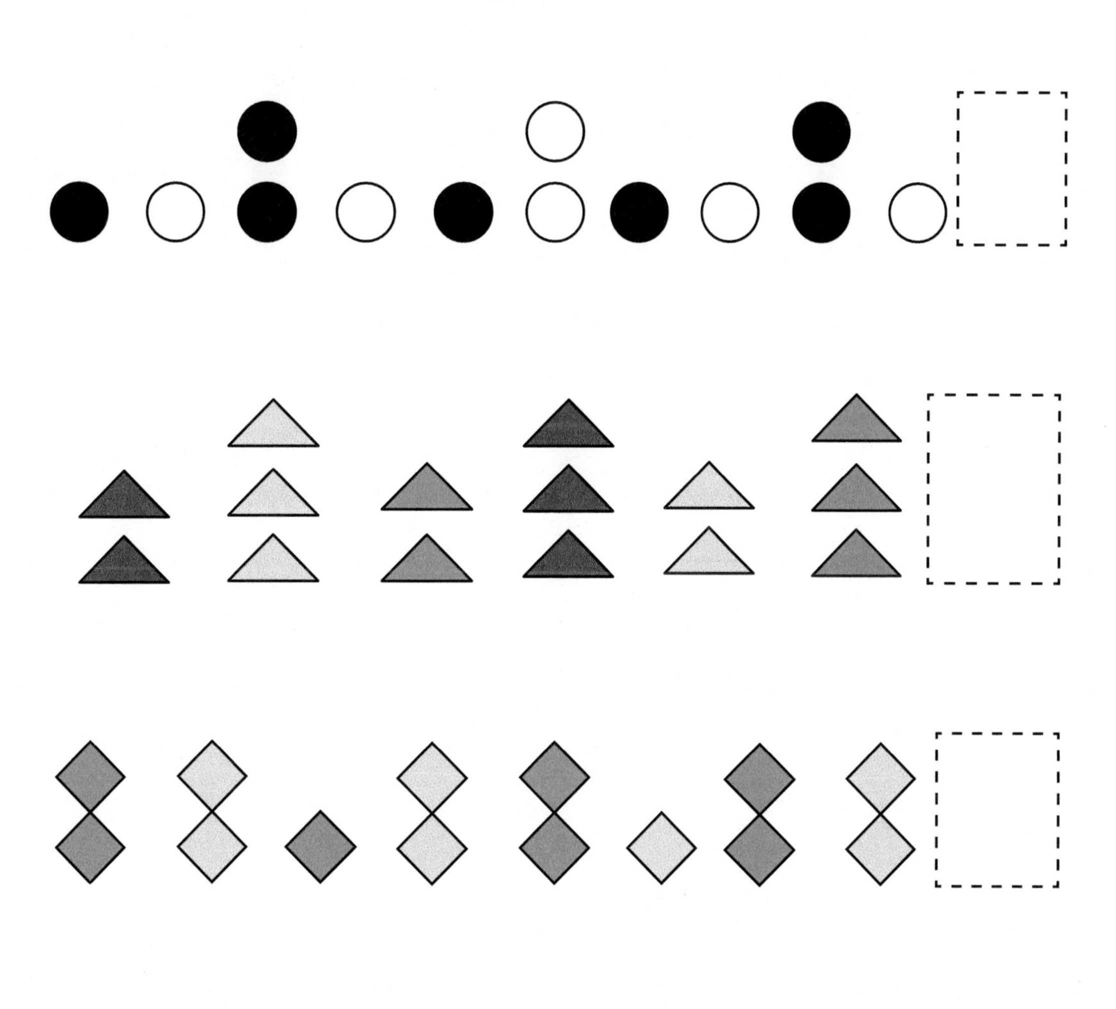

B 확인하기

01 구슬의 규칙에 맞게 □에 들어갈 구슬을 기호로 적으세요.

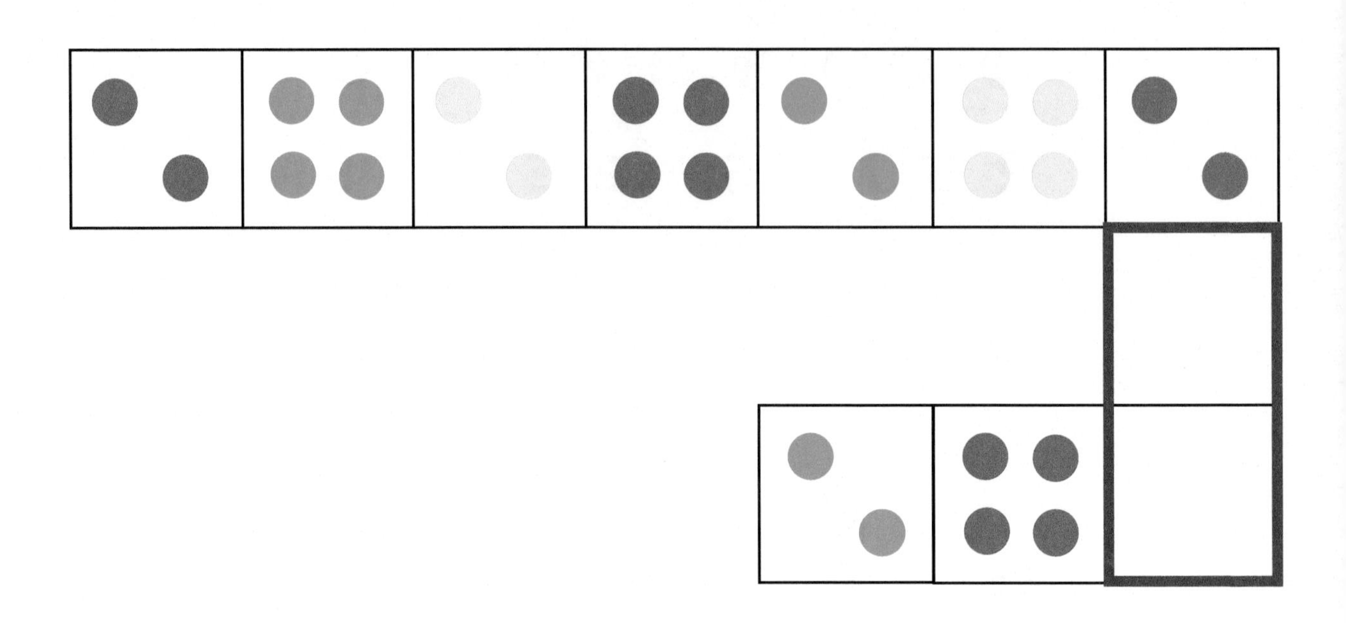

㉠

㉡

㉢

㉣

정답 및 풀이 P.11

02 규칙에 맞지 않는 도형 하나를 찾아 ○ 표시하세요.

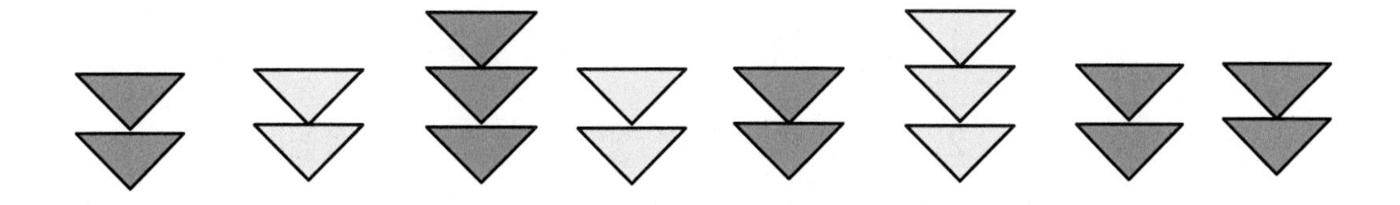

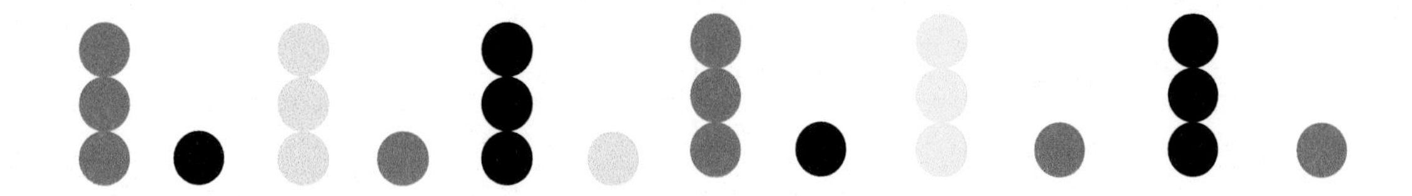

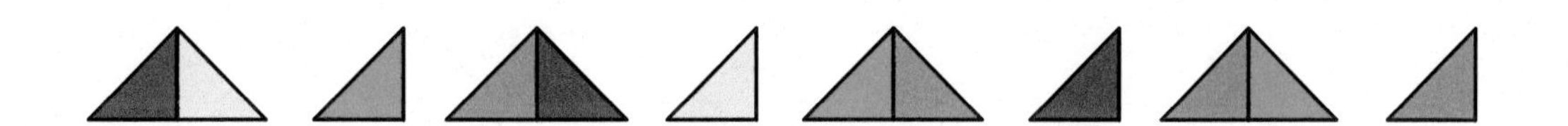

B 확인하기

03 조건에 맞게 빈칸에 들어갈 별 모양을 그리세요.

보기

〈조건〉

1. 도형의 개수는 1개, 3개로 반복됩니다.
2. 도형의 색은 ★ ★ ☆ 으로 반복됩니다.

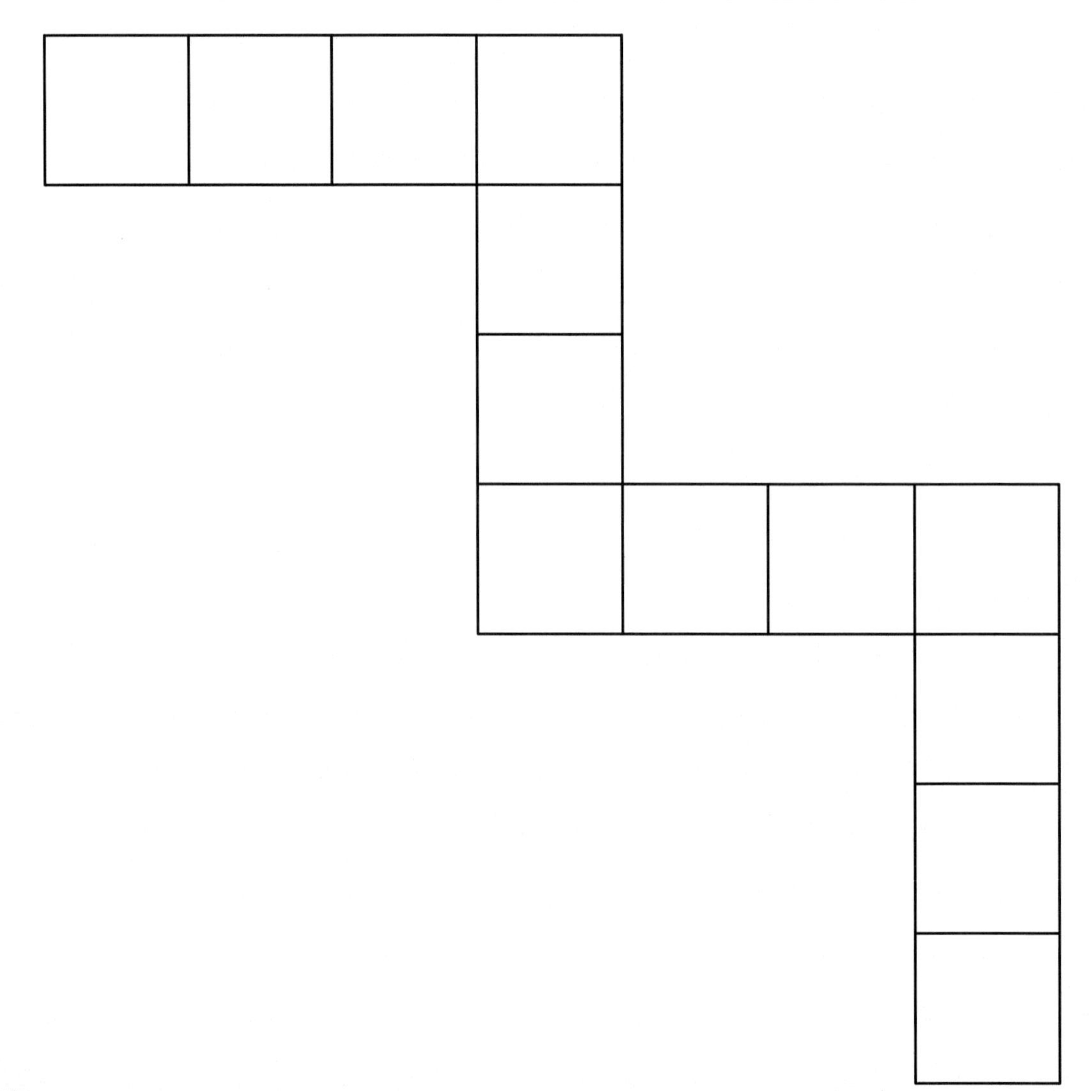

〈별 모양을 그리는 방법〉

04 규칙에 맞게 빈칸에 들어갈 바둑돌 모양을 찾아 기호로 적으세요.

㉠

㉡

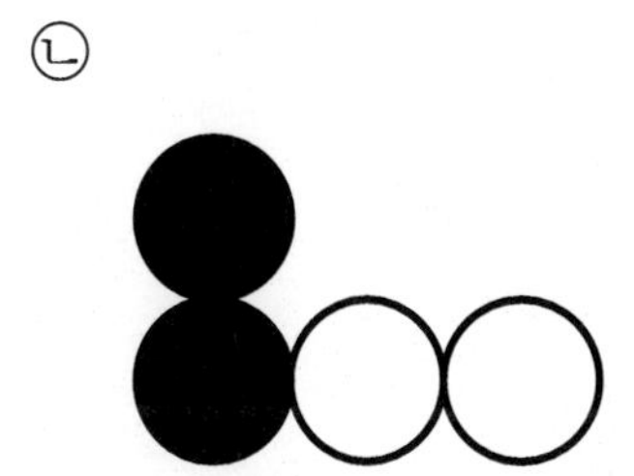

㉢

㉣

C 삼중 패턴

규칙을 찾아 빈칸에 들어갈 자음을 적으세요.

ㄲ ㅂ ㅉ ㄱ [ ]

ㅈ ㄲ ㅂ ㅉ ㄱ ㅃ

ㅈ ㄲ ㅂ ㅉ ㄱ

정답 및 풀이 P.13

삼중 패턴을 찾습니다.

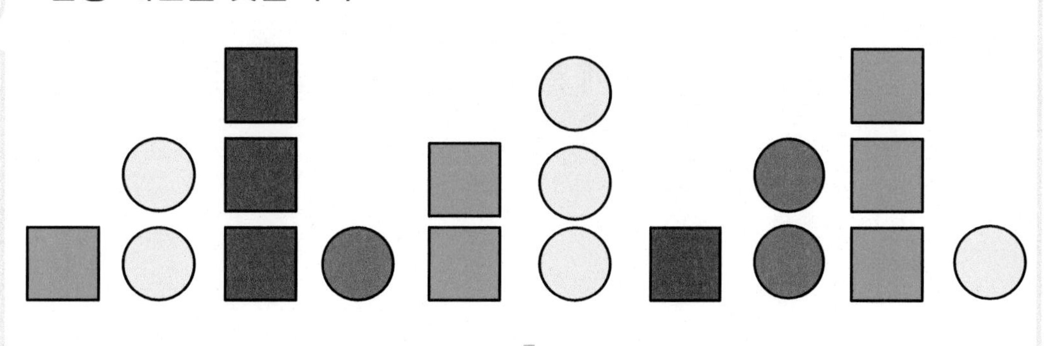

색깔 패턴 : 파랑, 노랑, 빨강, 주황

모양 패턴 : □, ○

개수 패턴 : 1개, 2개, 3개

유형 풀어보기

〈조건〉에 맞게 접시 위에 알맞은 과일 스티커를 붙이세요.

보기

〈조건〉

1. 과일 색은 빨강, 노랑, 초록으로 반복됩니다.
2. 과일의 개수는 1개, 2개, 1개로 반복됩니다.
3. 과일은 사과, 바나나로 반복됩니다.

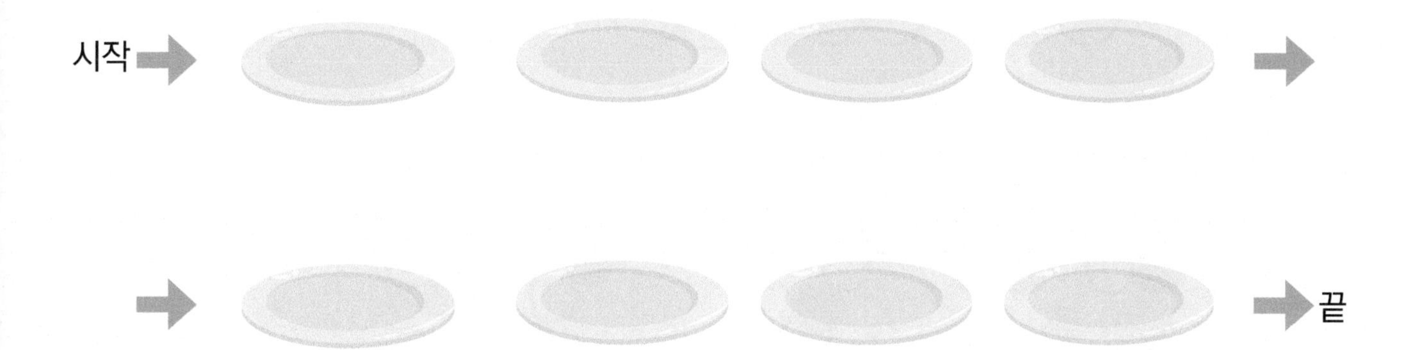

C 확인하기

01 규칙에 맞게 빈칸에 들어갈 바둑돌을 그리세요.

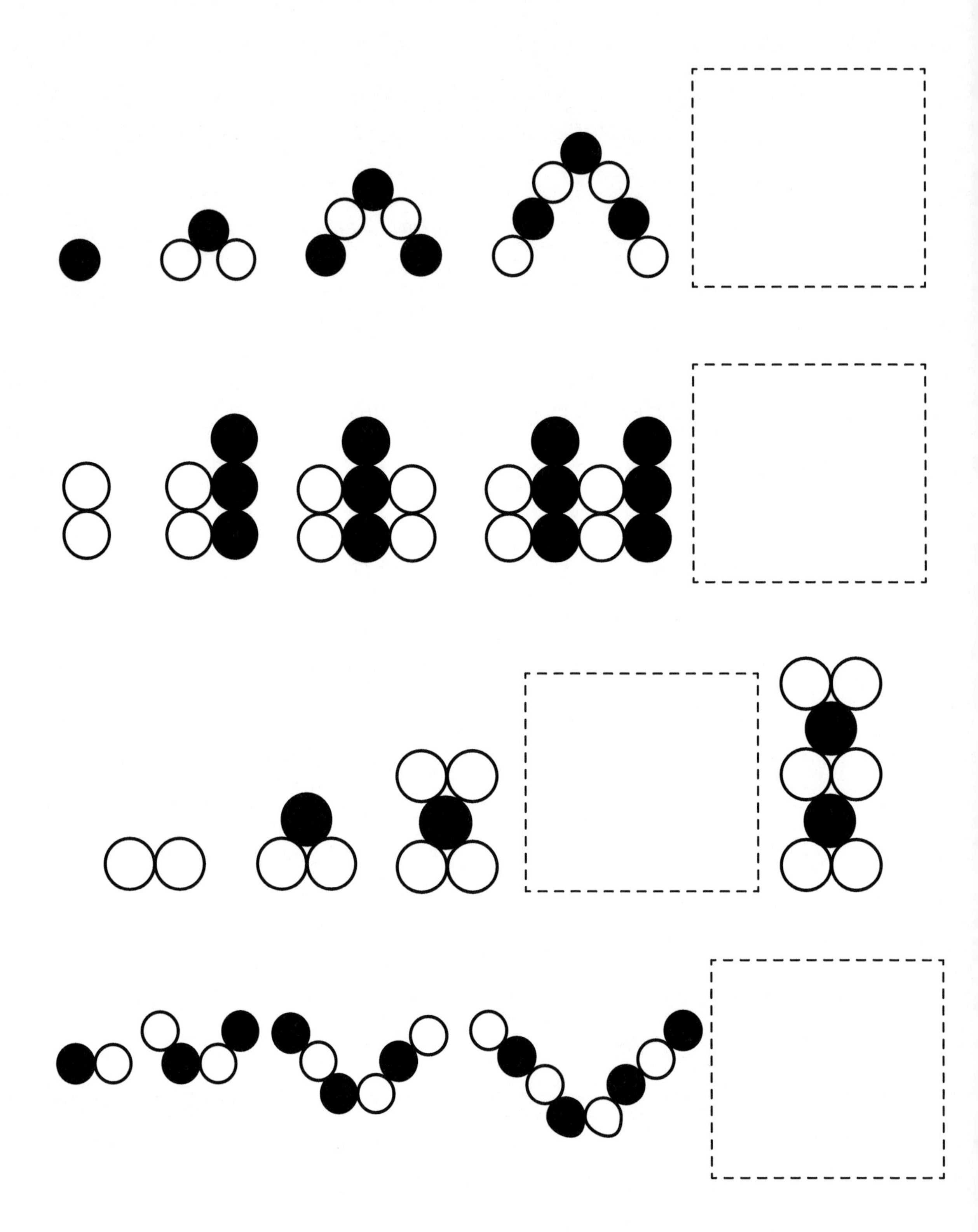

02 빈칸에 들어갈 도형을 찾아 기호로 적으세요.

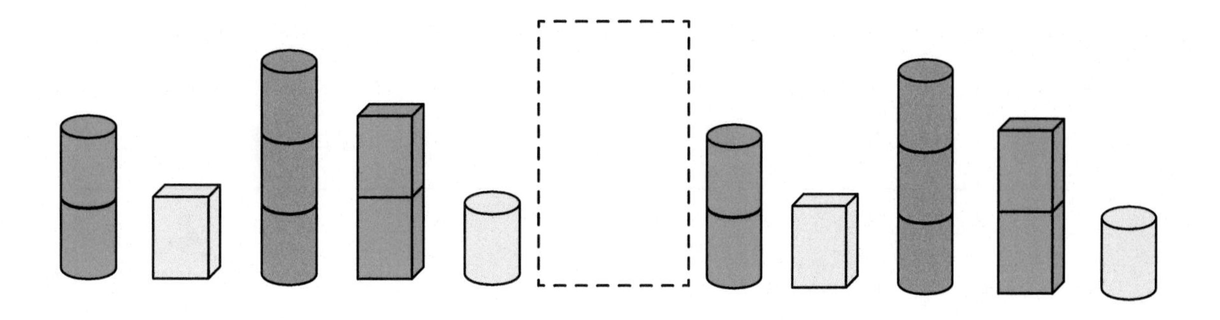

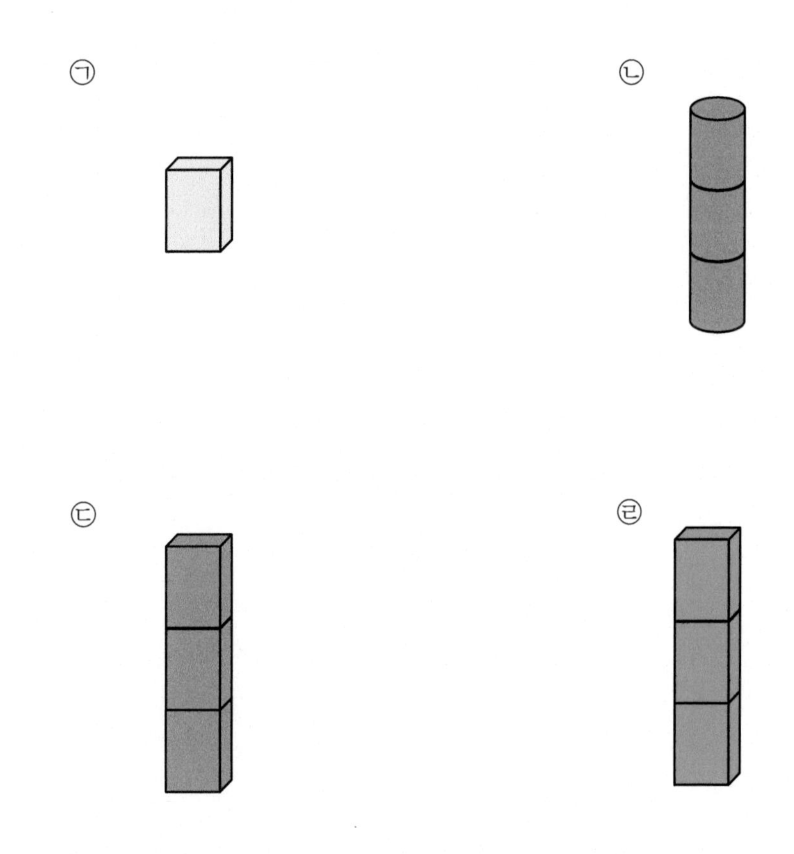

C 확인하기

03 규칙을 찾아 □에 알맞은 모양을 그리세요.

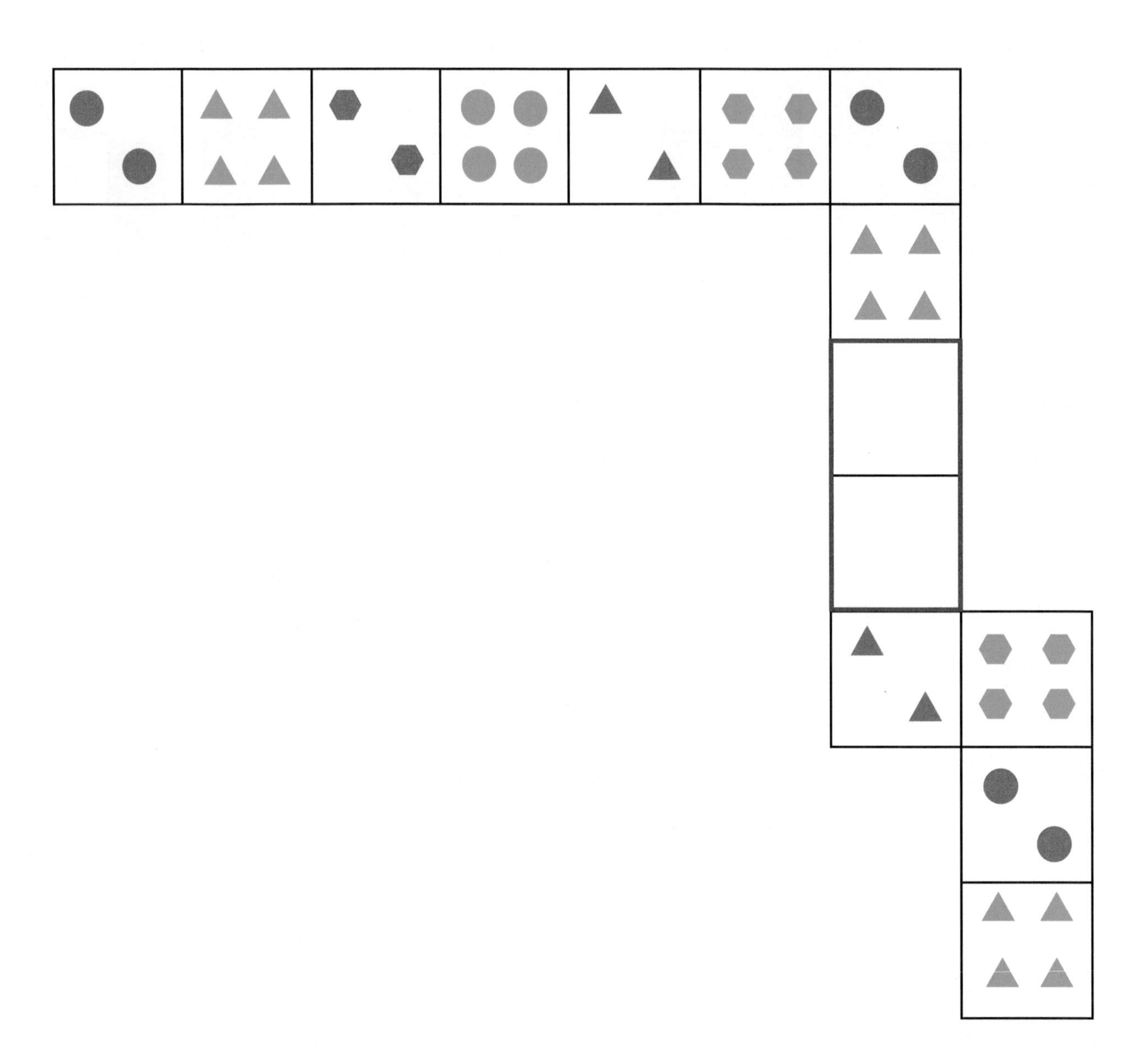

정답 및 풀이 P.14

04 규칙을 찾아 빈칸에 들어갈 단추를 각각 기호로 적으세요.

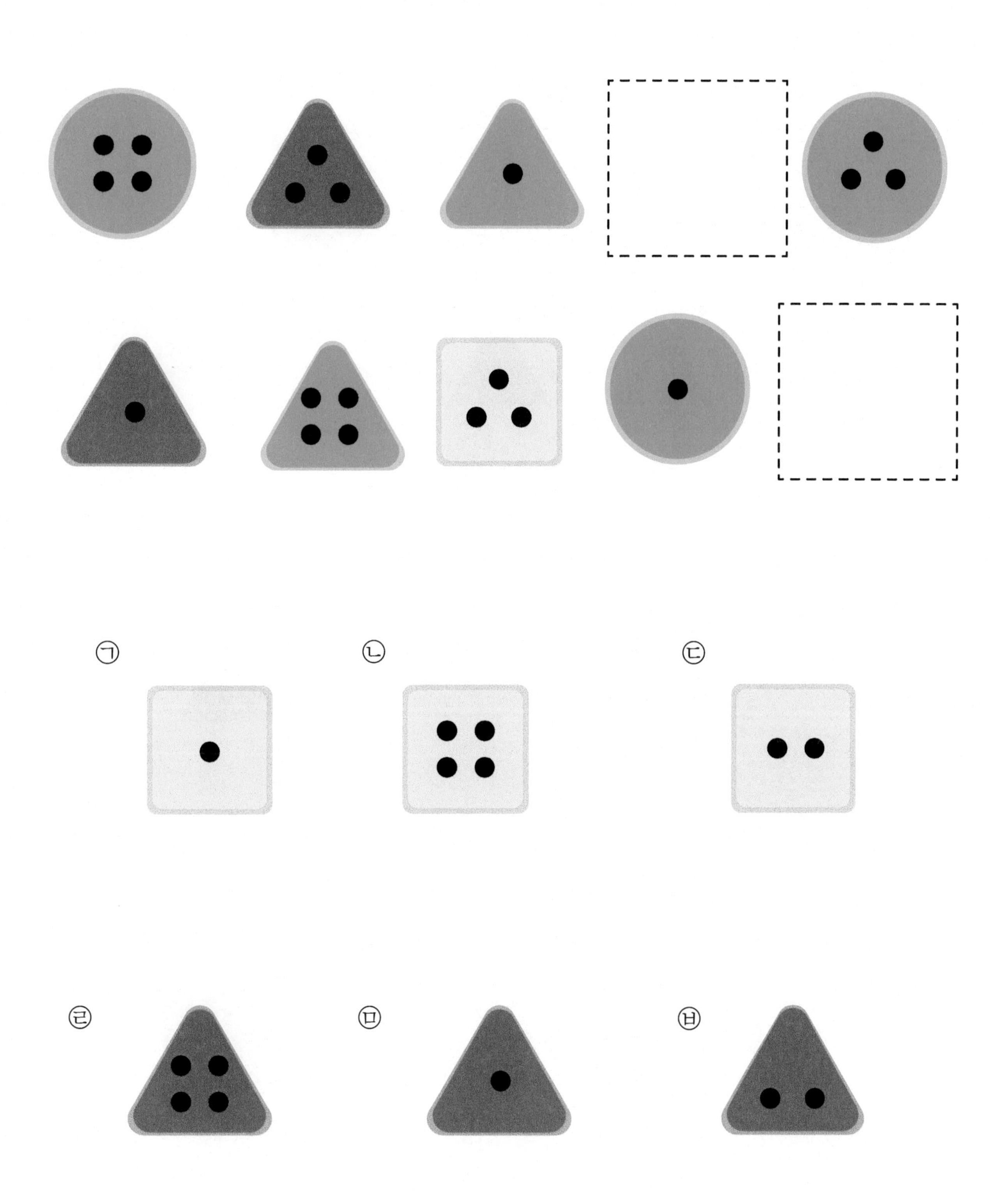

실력 쑥쑥 키우기

01 규칙을 찾아 빈칸에 들어갈 모양을 기호로 적으세요.

㉠ 

㉡ 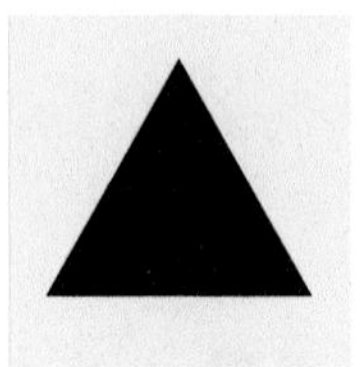

㉢ 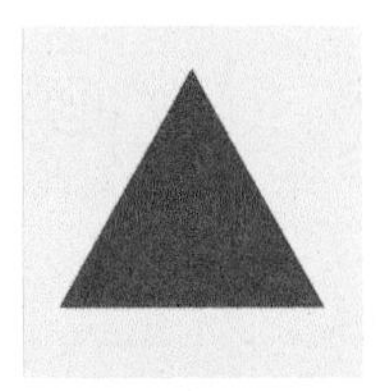

㉣ 

정답 및 풀이 P.14

02 규칙을 찾아 빈칸에 들어갈 별 모양을 그리세요.

실력 쑥쑥 키우기

03 규칙에 따라 5번째에 필요한 흰 바둑돌과 검은 바둑돌의 개수를 각각 적으세요.

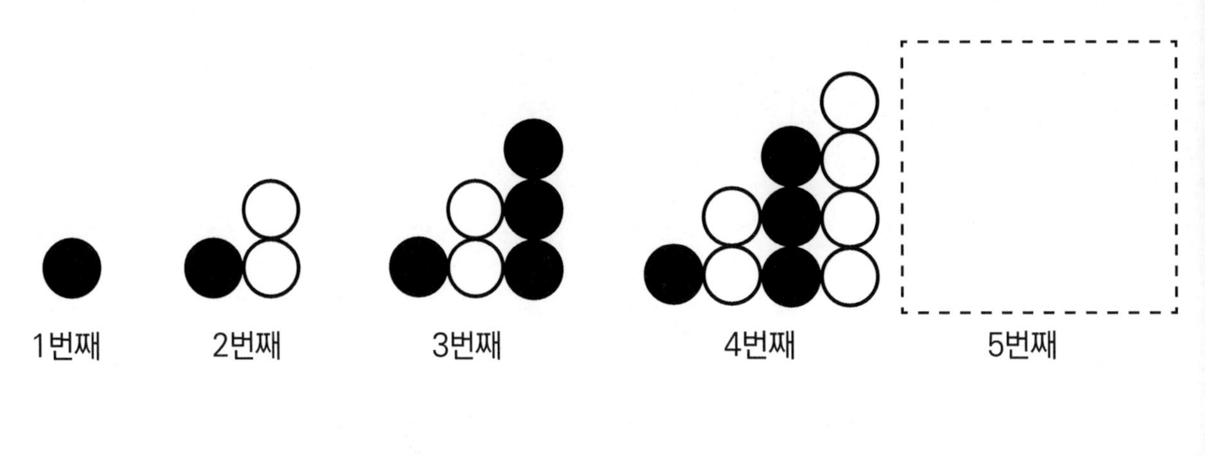

필요한 ● 의 개수 : 개

필요한 ○ 의 개수 : 개

04 규칙을 찾아 빈칸에 들어갈 모양을 기호로 적으세요.

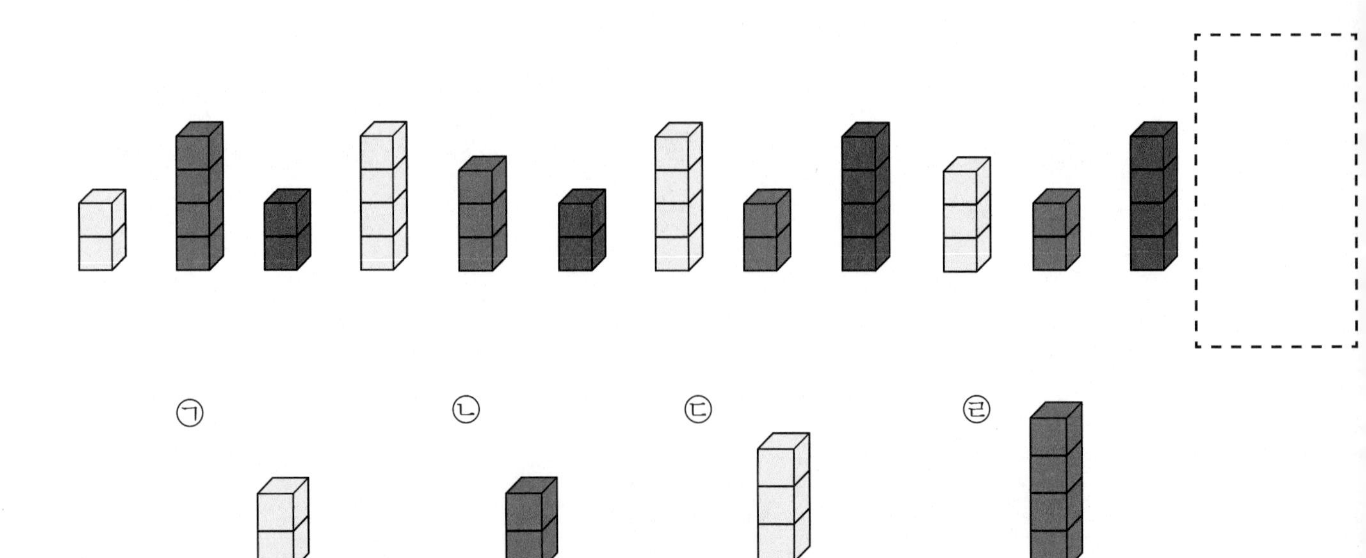

정답 및 풀이 P.15

05 규칙을 찾아 마지막 도형을 완성하세요.

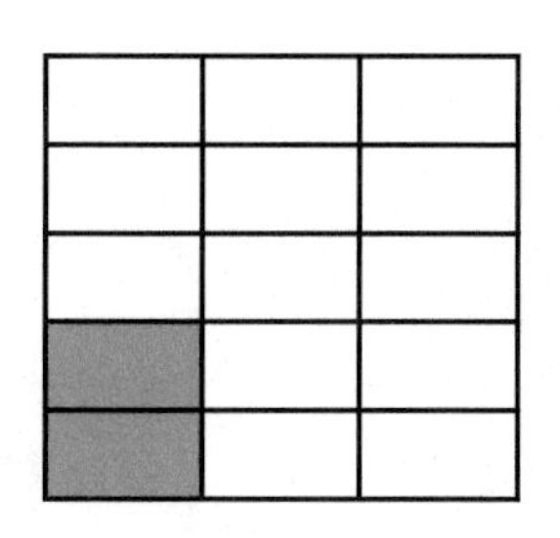
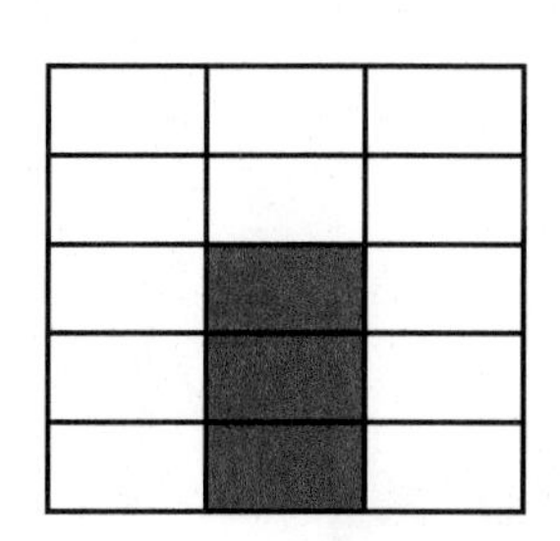
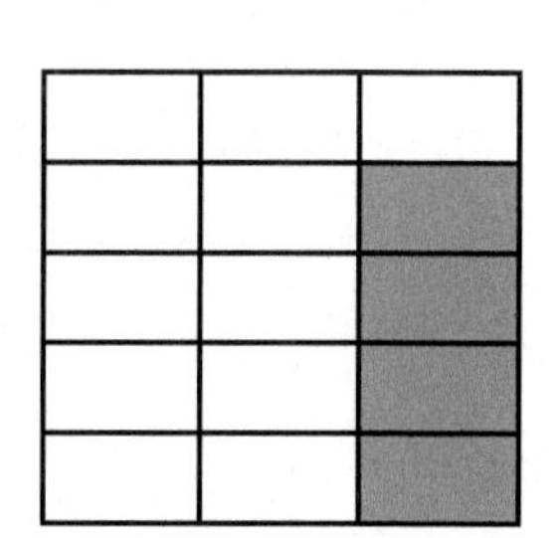

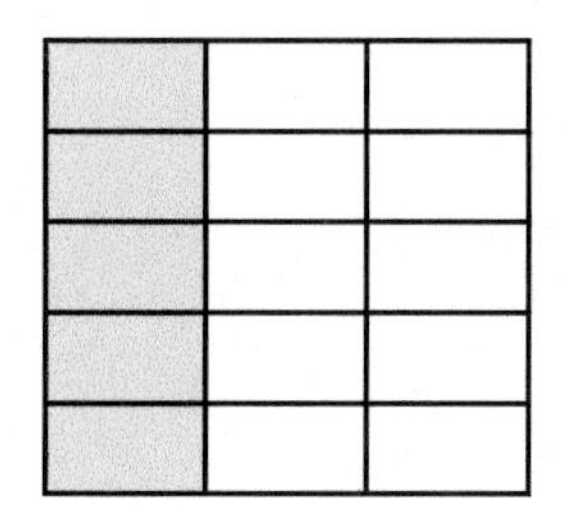
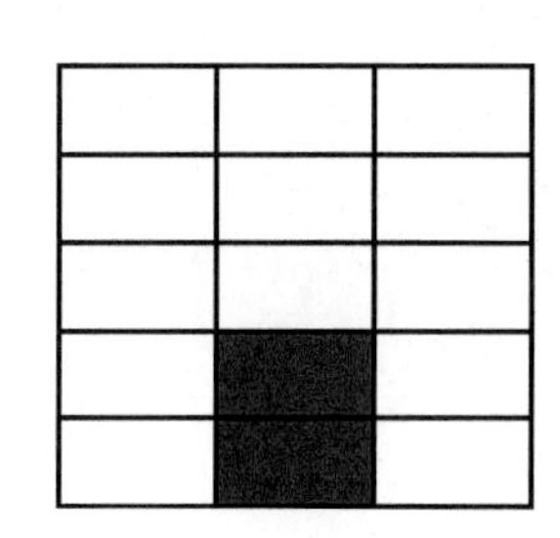
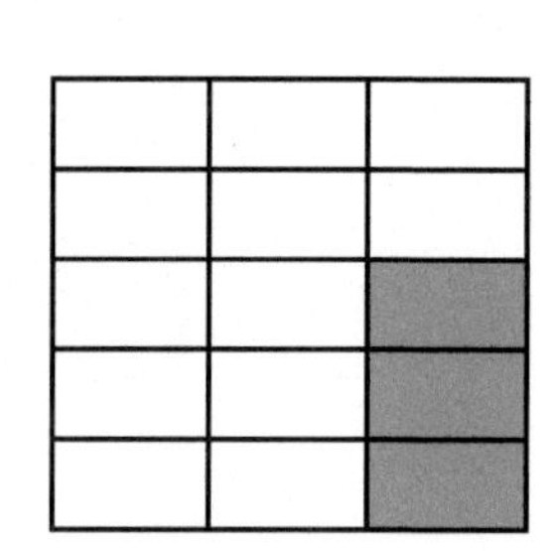

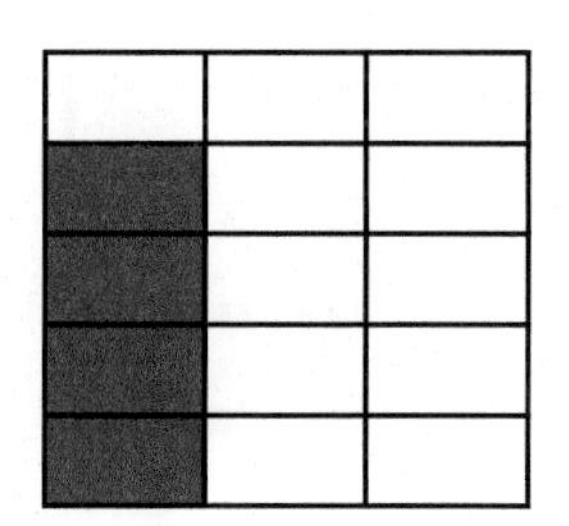
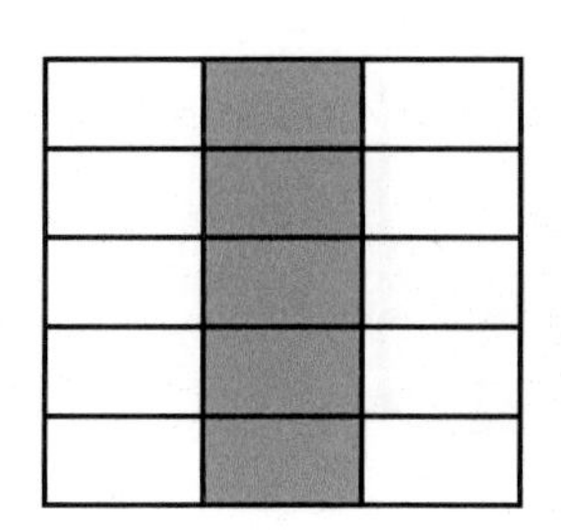
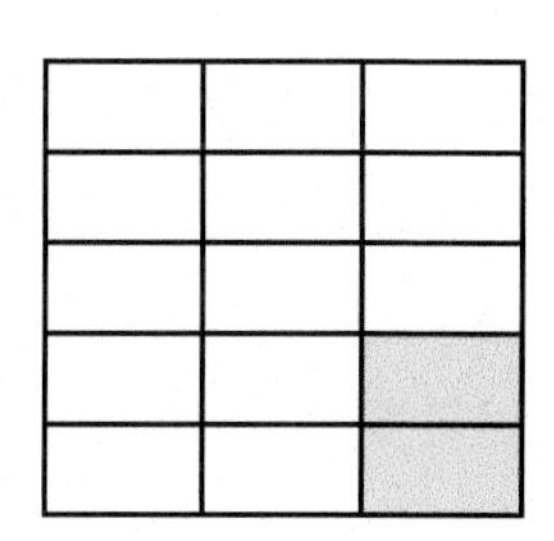

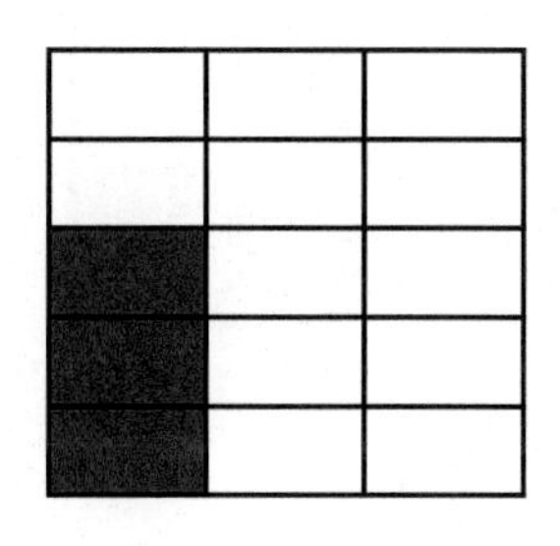
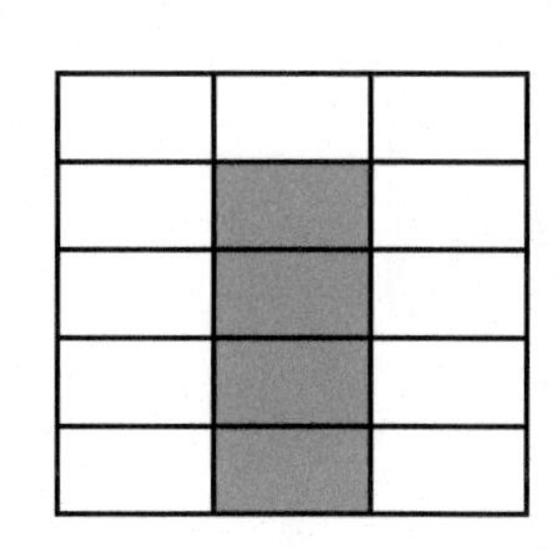
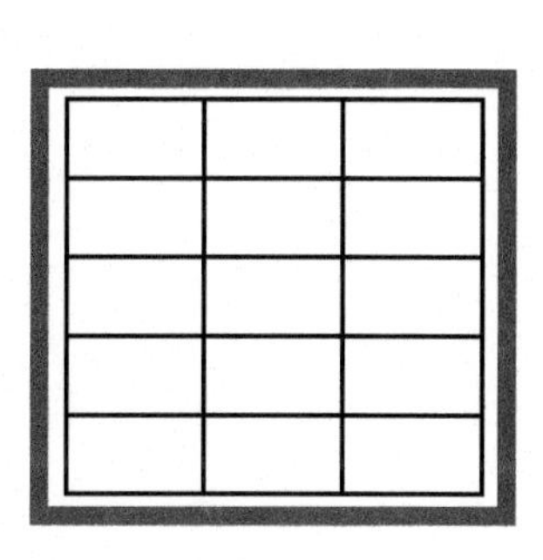

02 이중 패턴 실력 쑥쑥 키우기

06 규칙을 찾아 빈칸에 들어갈 물통의 기호를 적으세요.

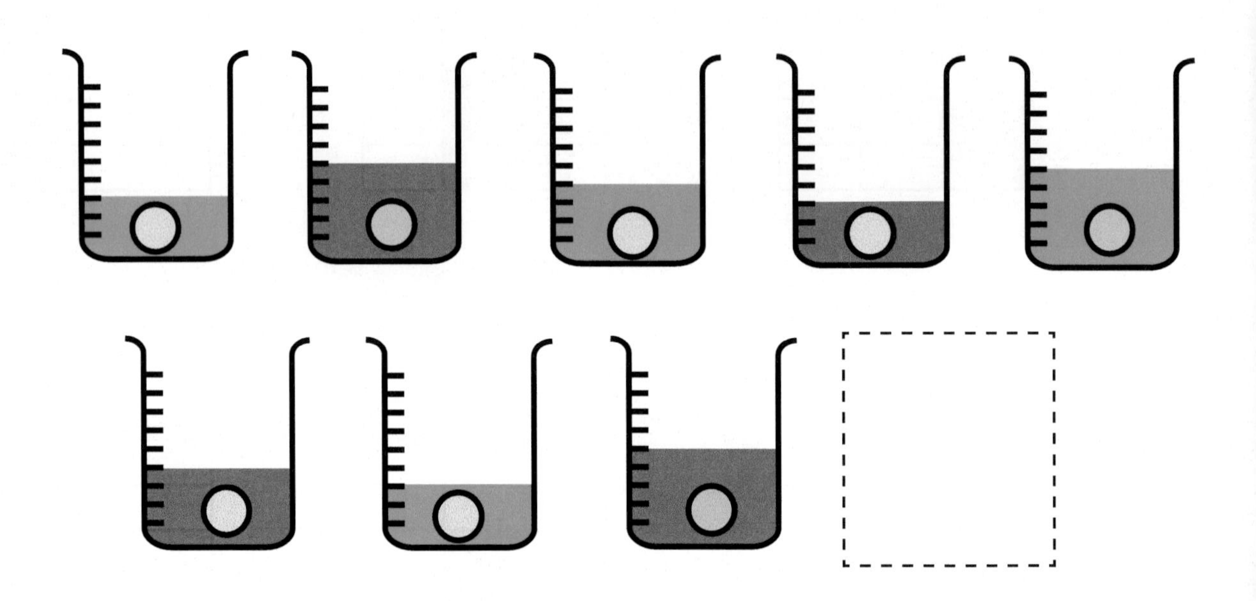

㉠

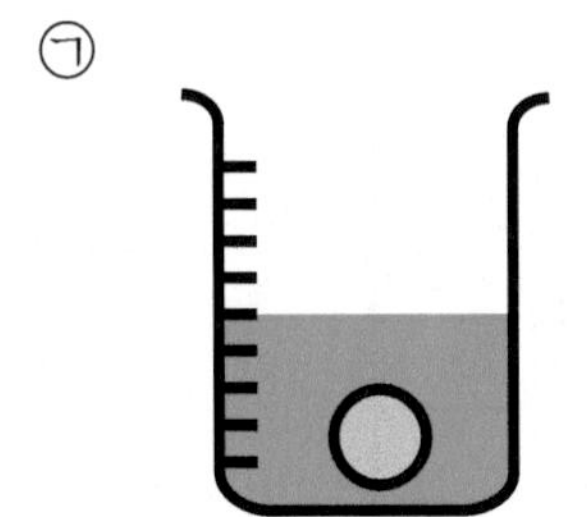

㉡

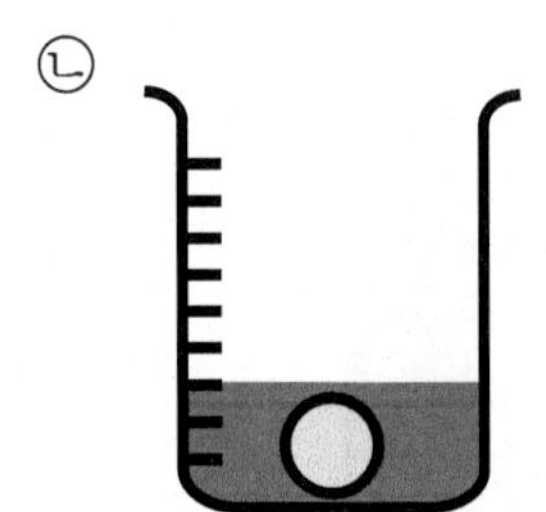

㉢

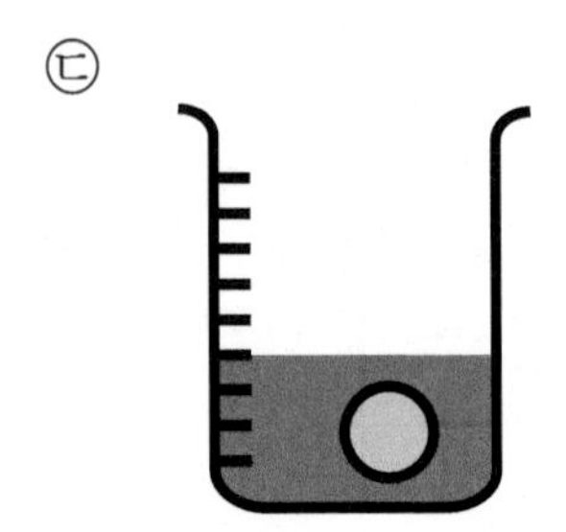

㉣

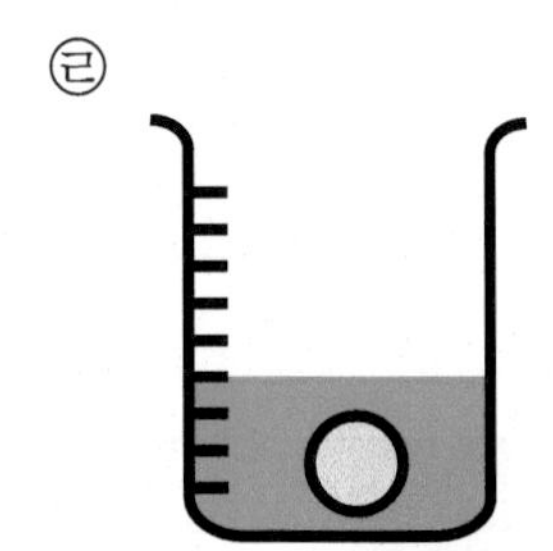

정답 및 풀이 P.15

07 세 가지 조건에 맞게 빈칸을 시작부터 채우세요.

창의융합문제

보기

〈조건〉

1. 모양의 개수는 2개, 1개, 3개로 반복됩니다.
2. 모양의 색은 노랑, 파랑, 초록으로 반복됩니다.
3. 모양은 ♡, △ 으로 반복됩니다.

시작 → 끝

암호 해독?

처음	ㄱ	ㄴ	ㄷ	ㄹ	ㅁ	ㅂ	ㅅ	ㅗ	ㅜ	ㅏ
암호	ㅇ	ㅈ	ㅊ	ㅋ	ㅌ	ㅍ	ㅎ	ㅣ	ㅑ	ㅡ

3. 관계 규칙

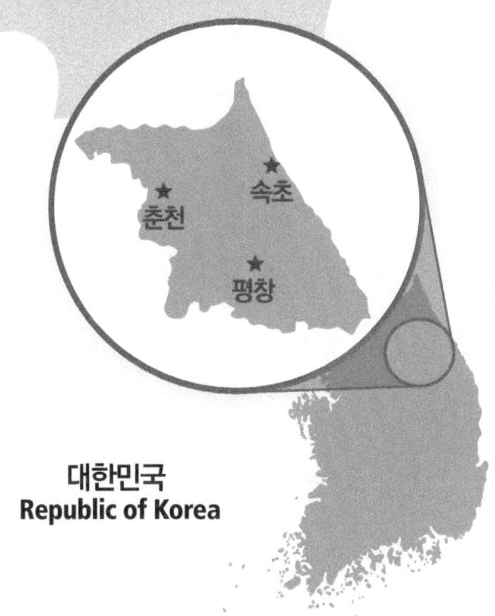

강원도 셋째 날 DAY 3

무우와 친구들은 강원도 여행 셋째 날, <평창>에 도착했어요. <평창> 에서 만날 수학 문제에는 어떤 것들이 있을까요? 즐거운 수학여행 출발~!

약속하기

화살표 색을 따라 빈칸에 알맞은 수를 적으세요.

우리 화살표따라 가볼까?

화살표 색마다 규칙이 있나봐!

: 1를 빼는 규칙입니다.

: 1을 더하는 규칙입니다.

출발 3

도착

정답 및 풀이 P.16

●, ■, ▲와 같이 연산 약속을 만들 수 있습니다.

1 ■ = 3 3 ■ = 5 4 ■ = 6 7 ■ = 9	■의 약속은 2를 더하는 것 입니다. ➡	1 + 2 = 3 3 + 2 = 5 4 + 2 = 6 7 + 2 = 9

기호의 연산 약속을 보고 빈칸에 들어갈 수를 적으세요 .

■의 약속 : 3을 더합니다.
●의 약속 : 2를 뺍니다.

2 ■ = □	9 ● = □
6 ■ = □	5 ● = □
3 ■ = □	7 ● = □
4 ■ = □	3 ● = □

A 확인하기

01 기호의 연산 약속을 찾아 빈칸에 들어갈 수를 적으세요.

1 ☆ = 7	10 ▲ = 5
3 ☆ = 9	6 ▲ = 1
4 ☆ = 10	5 ▲ = 0
2 ☆ = □	8 ▲ = □

☆의 약속 : 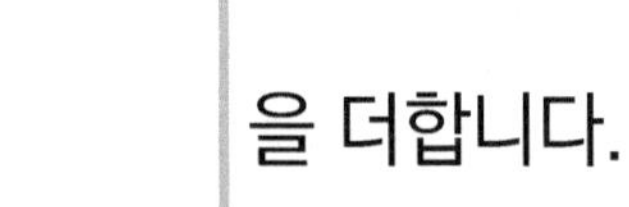 을 더합니다.

▲의 약속 : 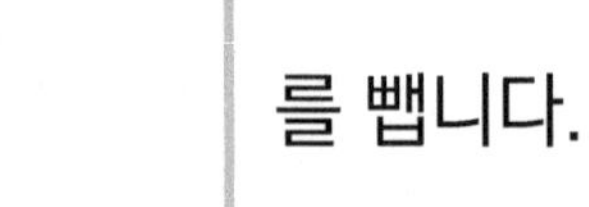 를 뺍니다.

정답 및 풀이 P.17

02 기호의 약속에 맞게 빈칸에 들어갈 수를 적으세요.

○의 약속 : 두 수 중 큰 수를 적습니다.
◇의 약속 : 두 수 중 작은 수에서 1을 뺍니다.

9 ○ 3 = ☐　　6 ◇ 3 = ☐

4 ○ 1 = ☐　　2 ◇ 4 = ☐

6 ○ 8 = ☐　　7 ◇ 5 = ☐

2 ○ 5 = ☐　　9 ◇ 8 = ☐

A 확인하기

03 화살표의 규칙을 찾아 빈칸에 들어갈 알맞은 수를 적으세요.

5 ➡ = 2

8 ➡ = 5

7 ➡ = 4

4 ➡ = ☐

6 ➡ = 11

5 ➡ = 10

8 ➡ = 13

3 ➡ = ☐

정답 및 풀이 P.17

04 화살표의 연산 약속을 보고 빈칸에 들어갈 수를 적으세요.

➡(검은색)의 약속 : 3을 더합니다.

➡(회색)의 약속 : 4를 뺍니다.

6 ➡(검은색) = ☐

4 ➡(회색) = ☐

1 ➡(검은색) ➡(회색) = ☐

3 ➡(검은색) ➡(검은색) = ☐

5 ➡(회색) ➡(검은색) = ☐

10 ➡(회색) ➡(회색) = ☐

화살표가 두 개인 ➡ ➡ 는 ➡ 를 두 번 계산합니다.

B 수 사이의 관계

유형 알아보기

상자에 알맞은 색의 구슬을 넣어 약속된 연산을 해서 2와 10이 각각 나왔습니다. 넣어야 하는 두 구슬의 수를 각각 적으세요.

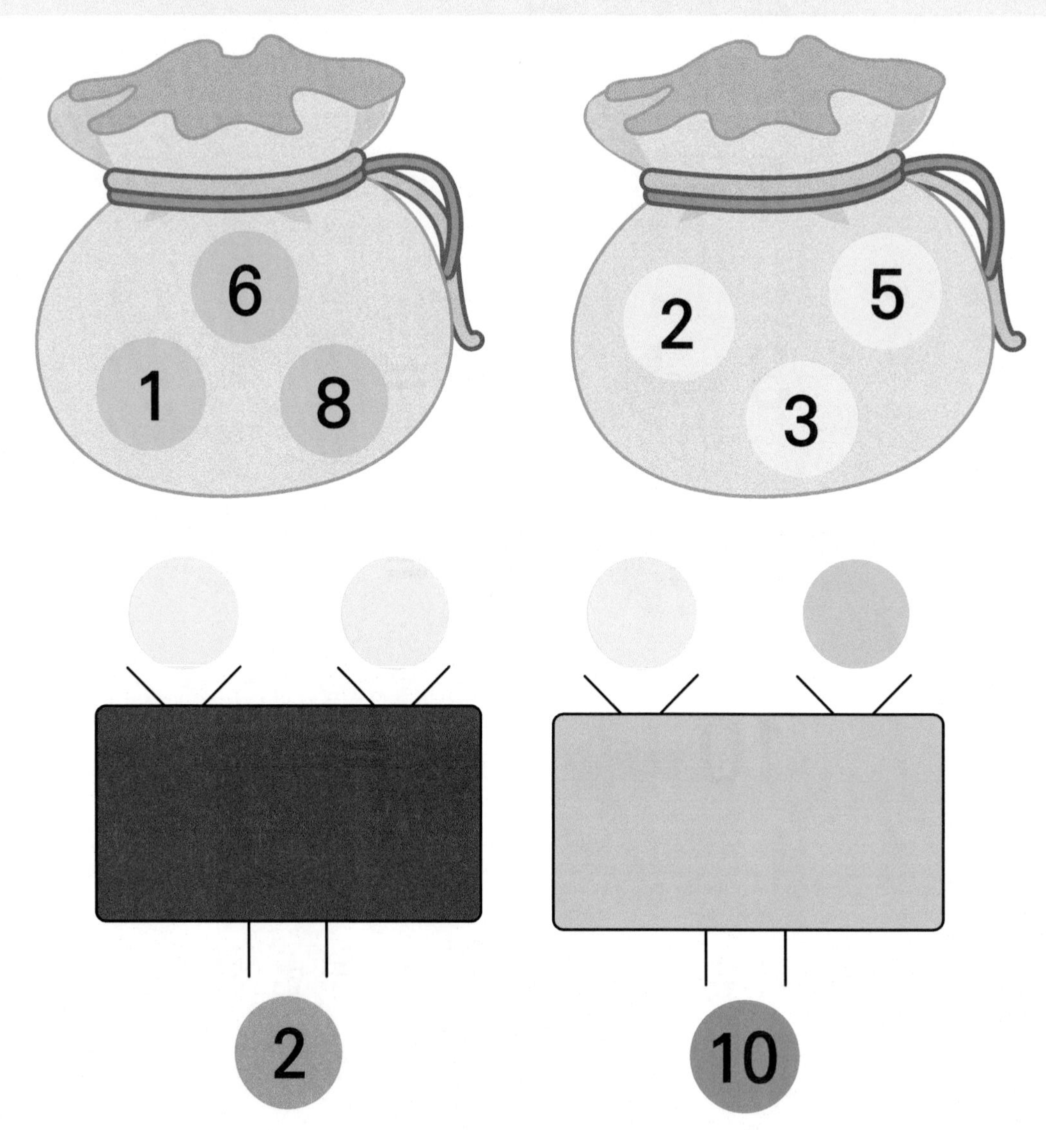

정답 및 풀이 P.18

의 두 수의 차가 의 수가 되는 수 사이의 규칙입니다.

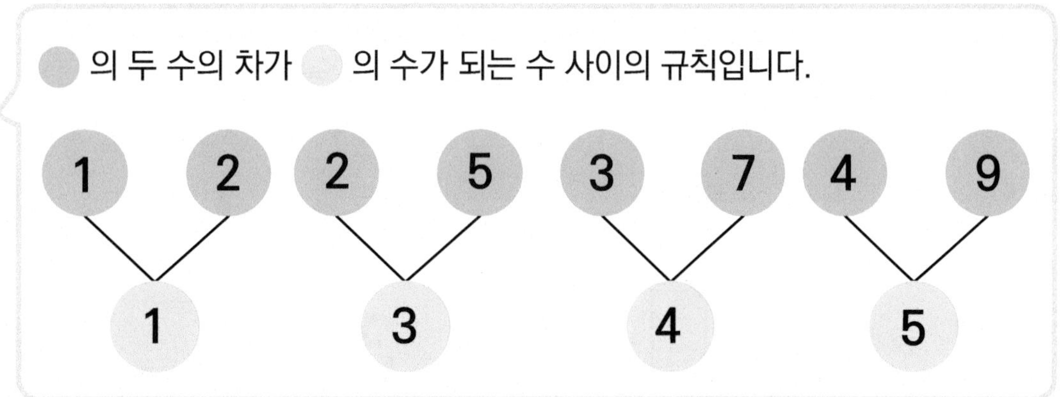

유형 풀어보기

수 사이의 규칙을 찾아 빈칸에 들어갈 수를 적으세요 .

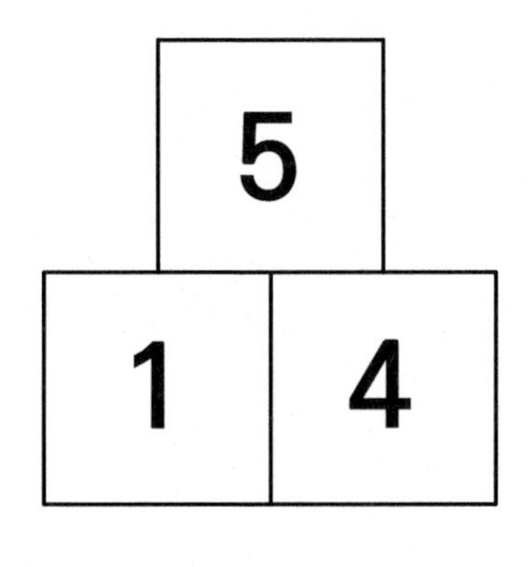

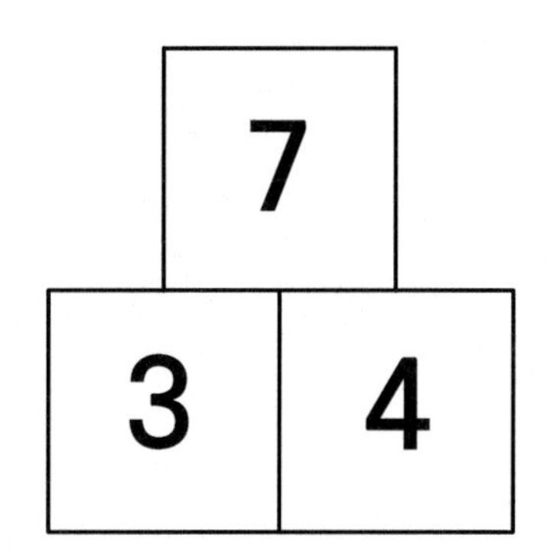

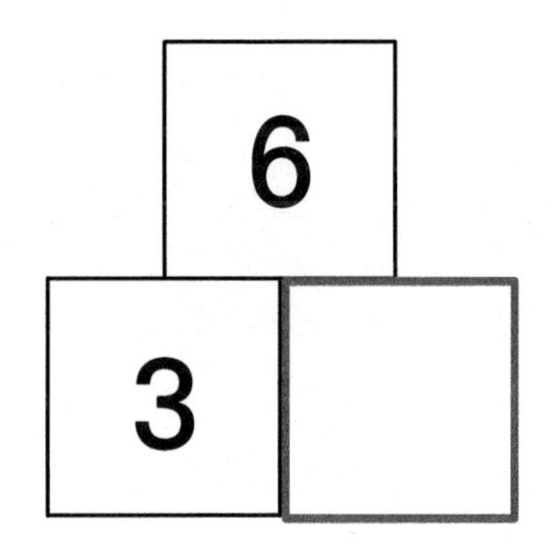

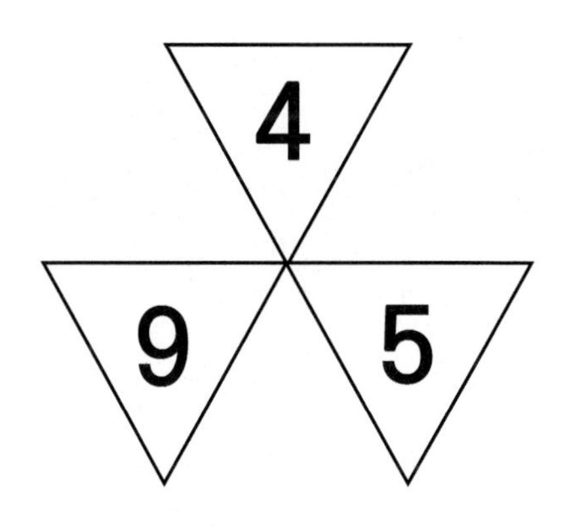

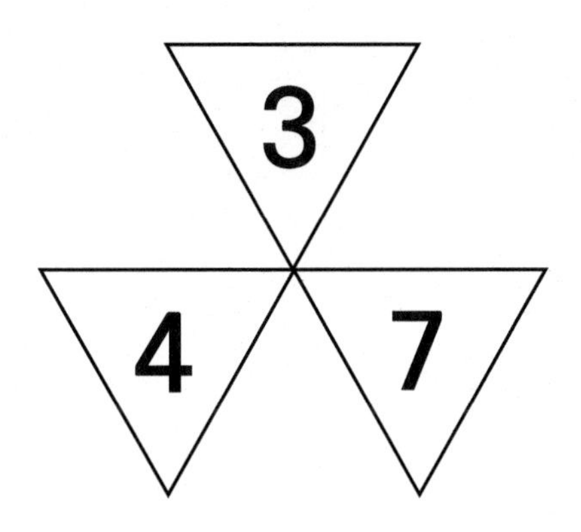

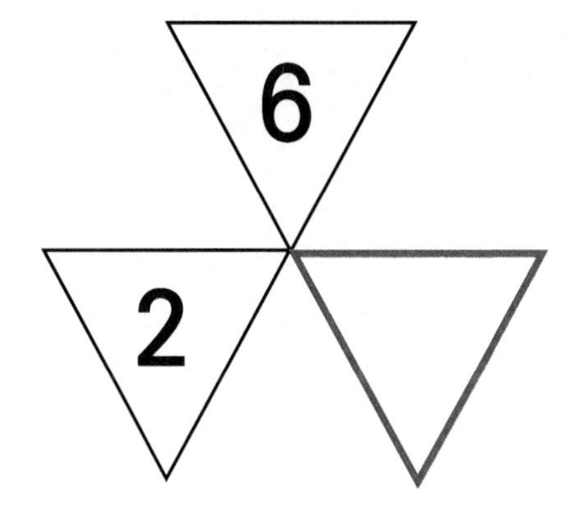

B 확인하기

01 상자의 수 규칙을 찾아 □에 들어갈 수를 적으세요.

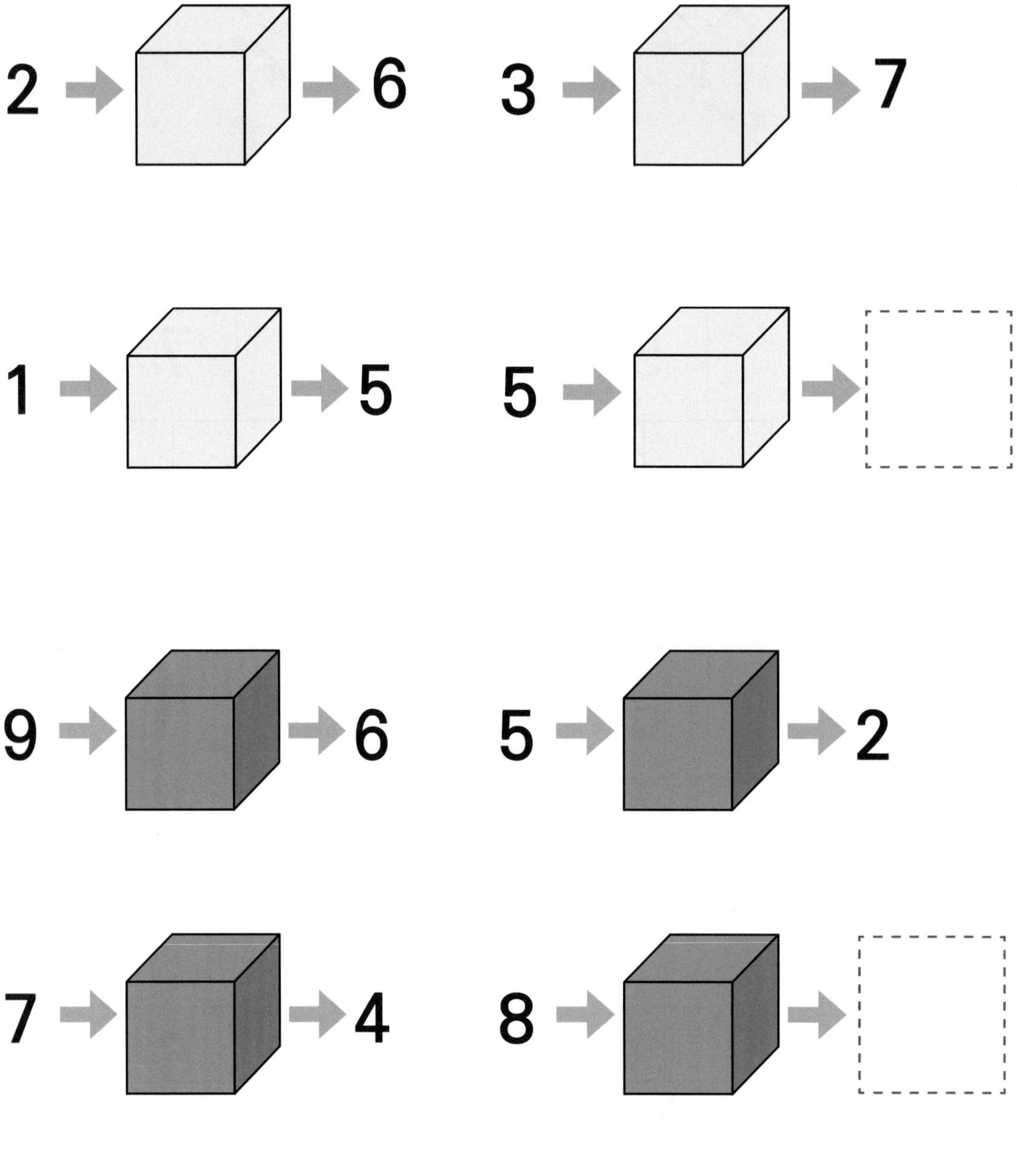

2 → □ → 6　　3 → □ → 7

1 → □ → 5　　5 → □ → □

9 → ■ → 6　　5 → ■ → 2

7 → ■ → 4　　8 → ■ → □

정답 및 풀이 P.18

02 수 사이의 규칙을 찾아 ○에 알맞은 수를 적으세요.

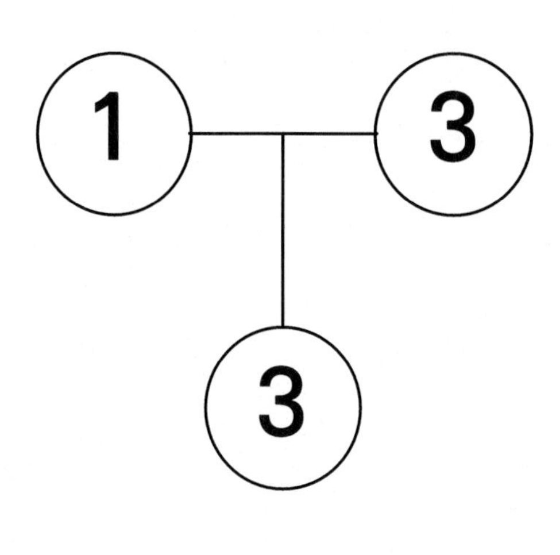

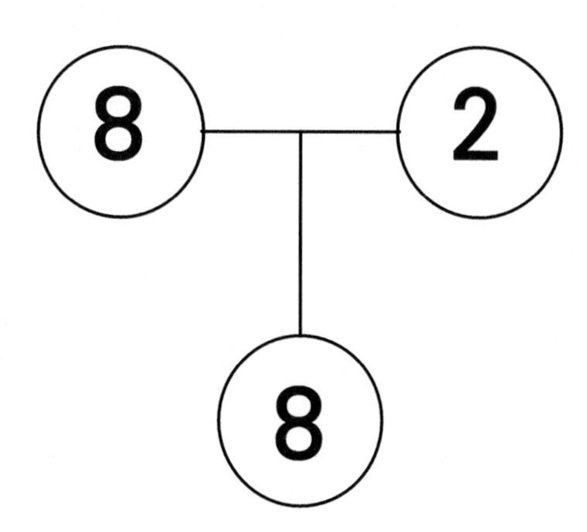

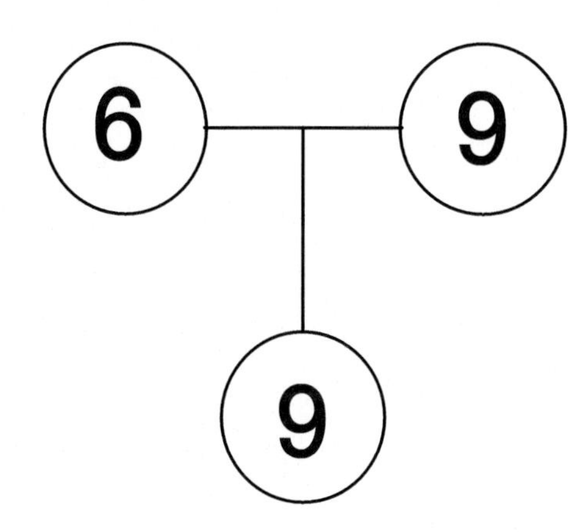

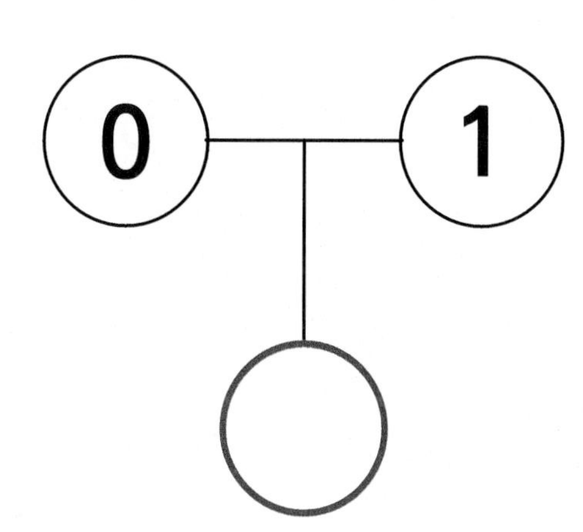

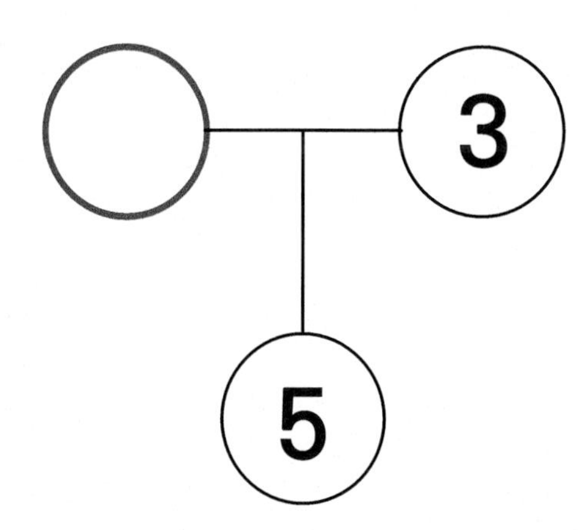

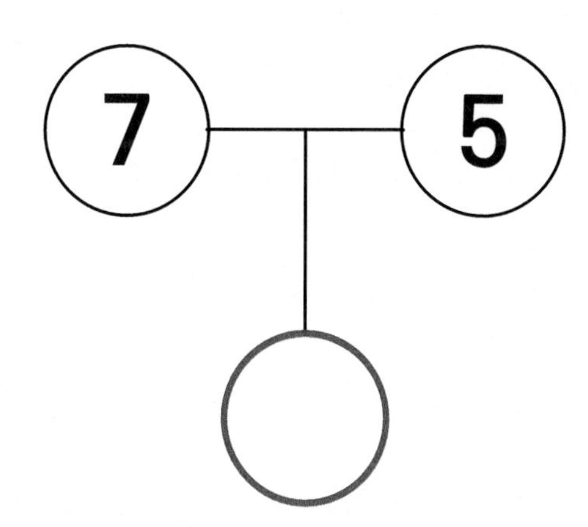

B 확인하기

03 원 안의 수 규칙을 찾아 ○에 알맞은 수를 적으세요.

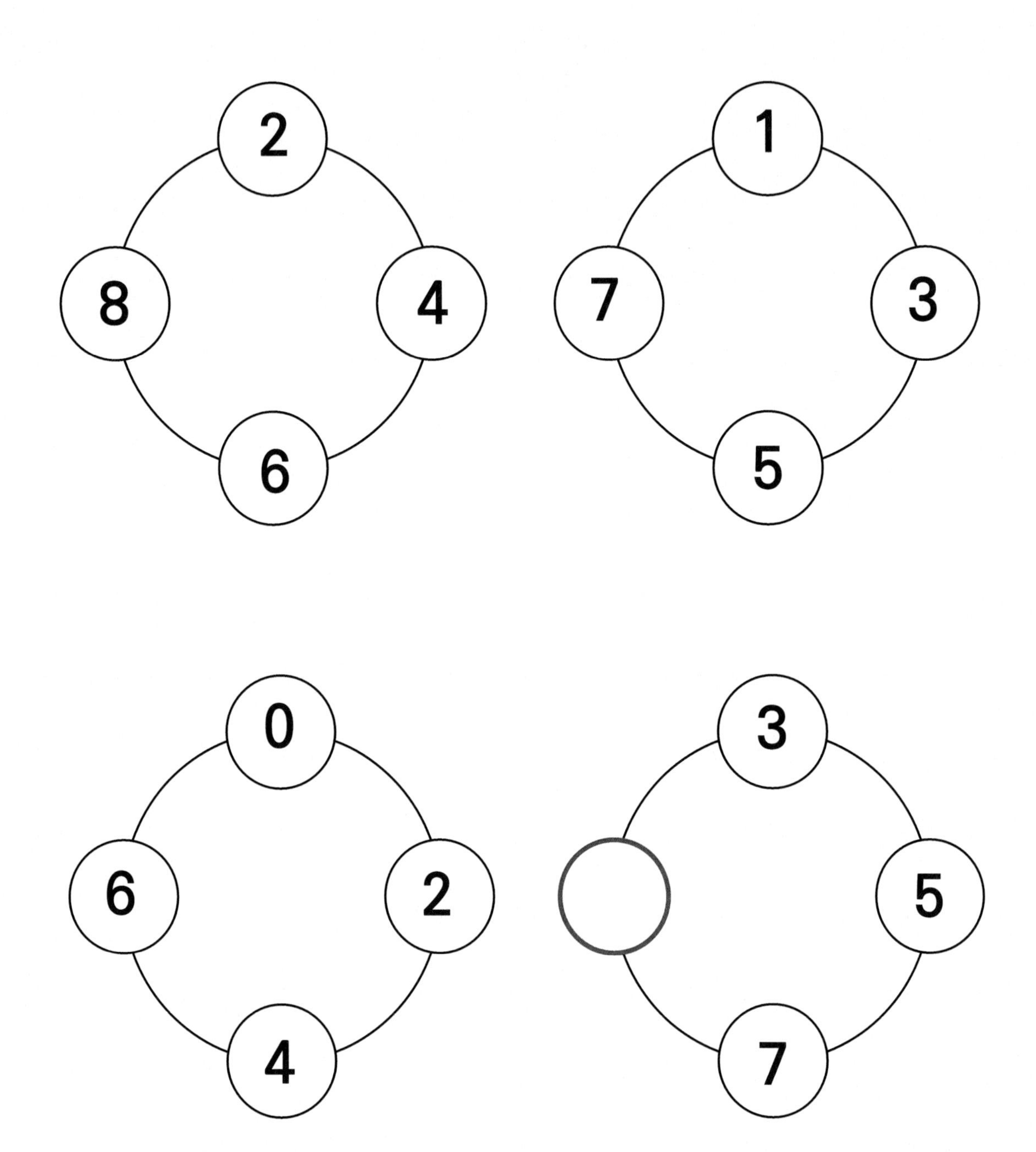

04 규칙을 찾아 빈칸에 알맞은 수를 적으세요.

1	1
1	3

2	1
3	6

1	1
3	5

1	2
2	5

	1
2	8

3	6
1	

도형 사이의 관계

유형 알아보기

요술병에 어떤 카드를 넣으면 한 장의 카드로 바뀌어 나옵니다. 카드 3장을 요술병에 넣어서 나오는 한 장의 카드를 알맞게 그리세요.

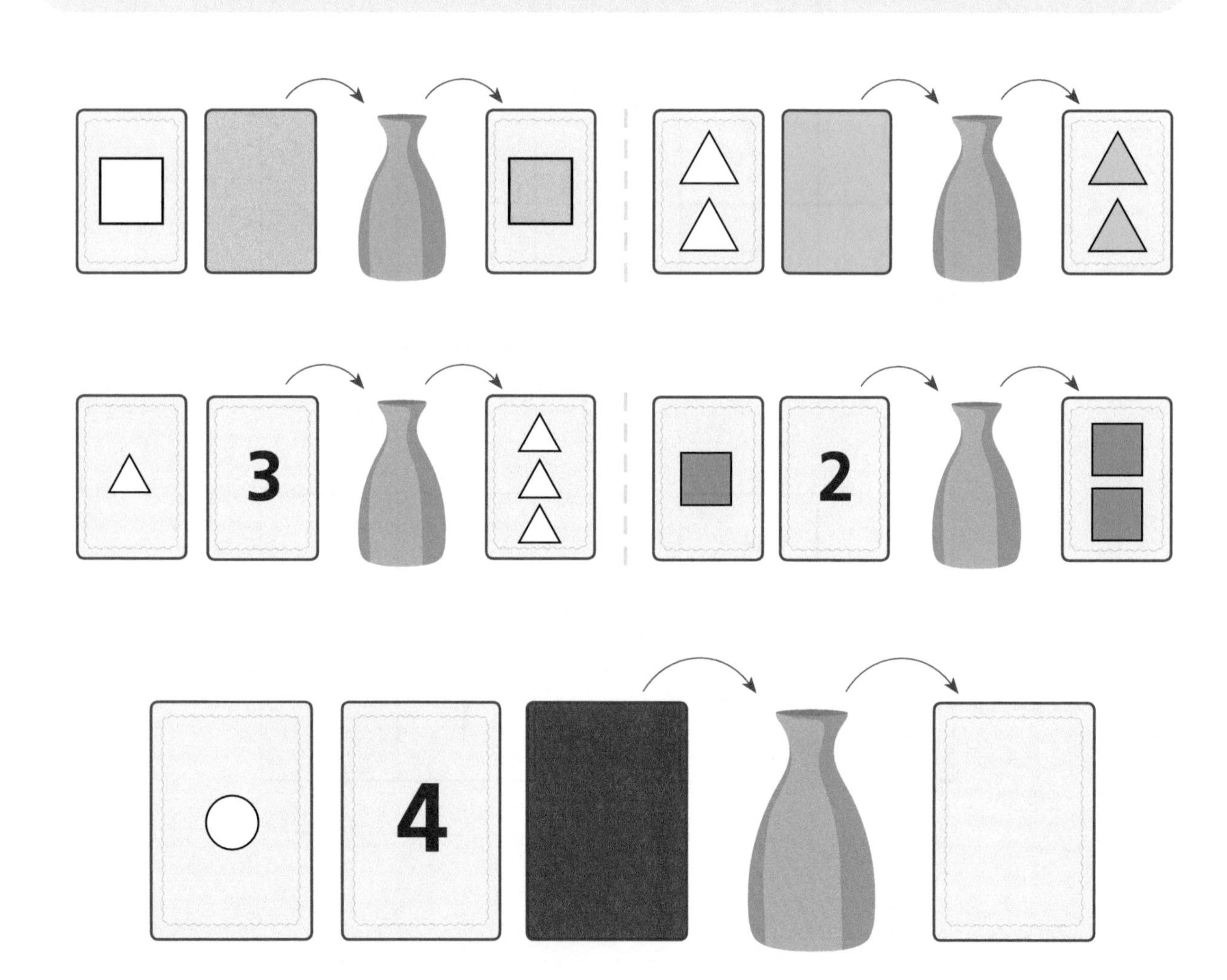

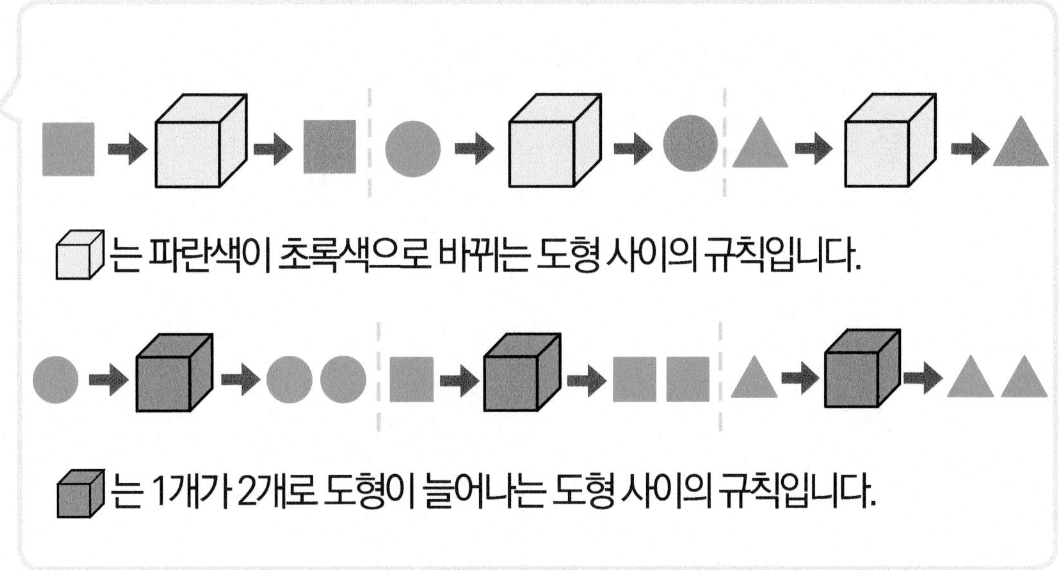

는 파란색이 초록색으로 바뀌는 도형 사이의 규칙입니다.

는 1개가 2개로 도형이 늘어나는 도형 사이의 규칙입니다.

도형 사이의 규칙을 찾아 □에 알맞은 도형을 각각 그리세요.

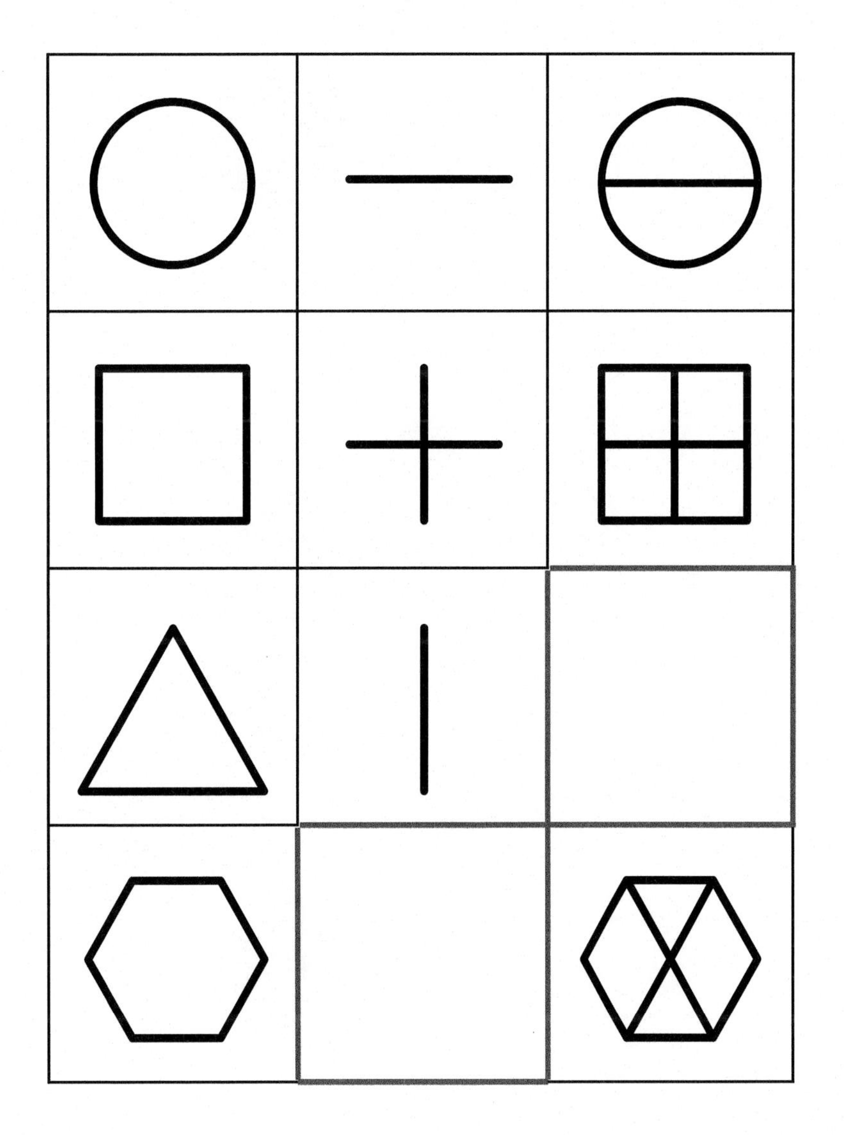

C 확인하기

01 왼쪽 도형을 상자에 넣으면 오른쪽 도형으로 변합니다. □에 알맞은 도형을 각각 그리세요.

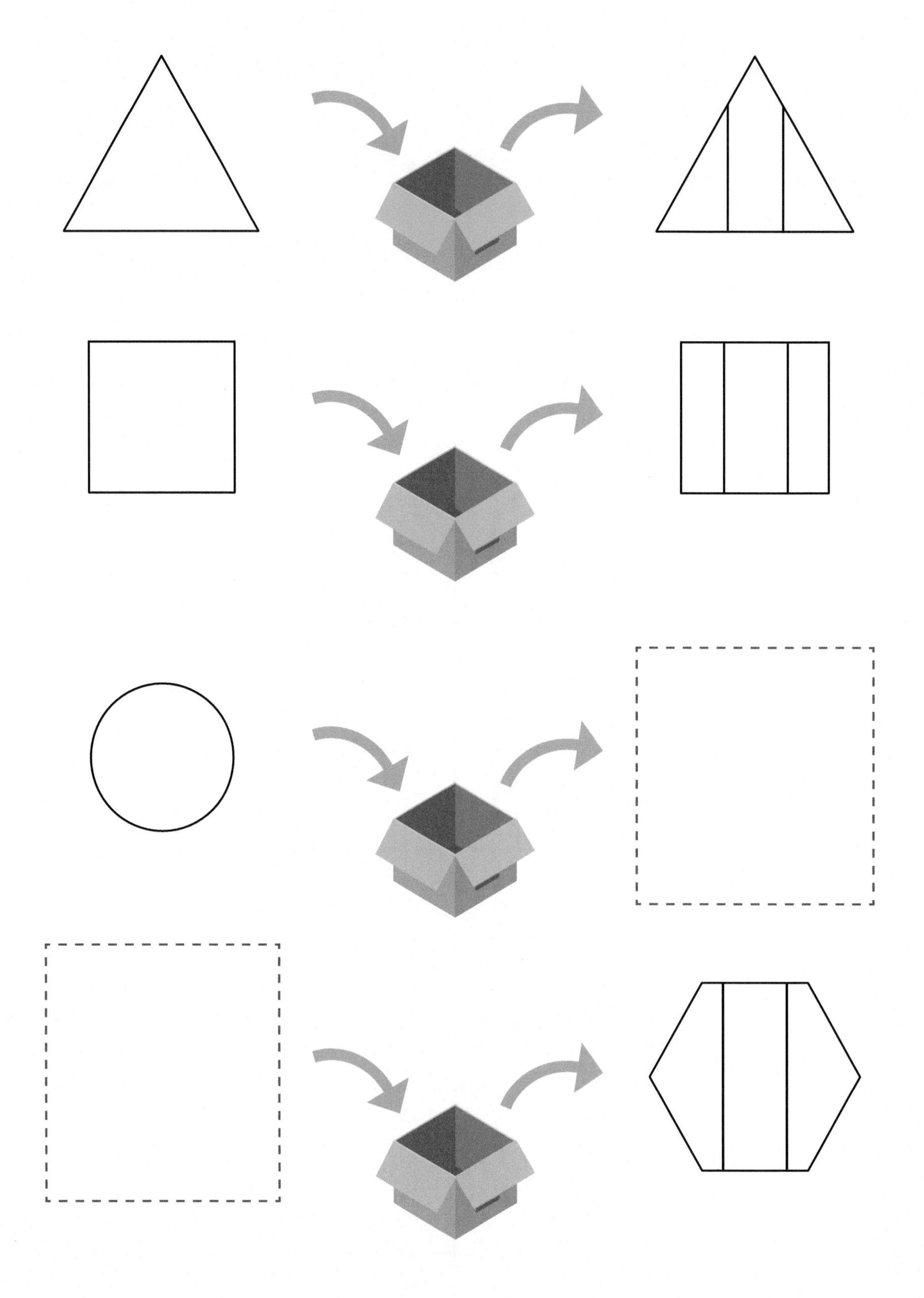

02 도형 규칙을 찾아 □에 알맞은 도형을 각각 그리세요.

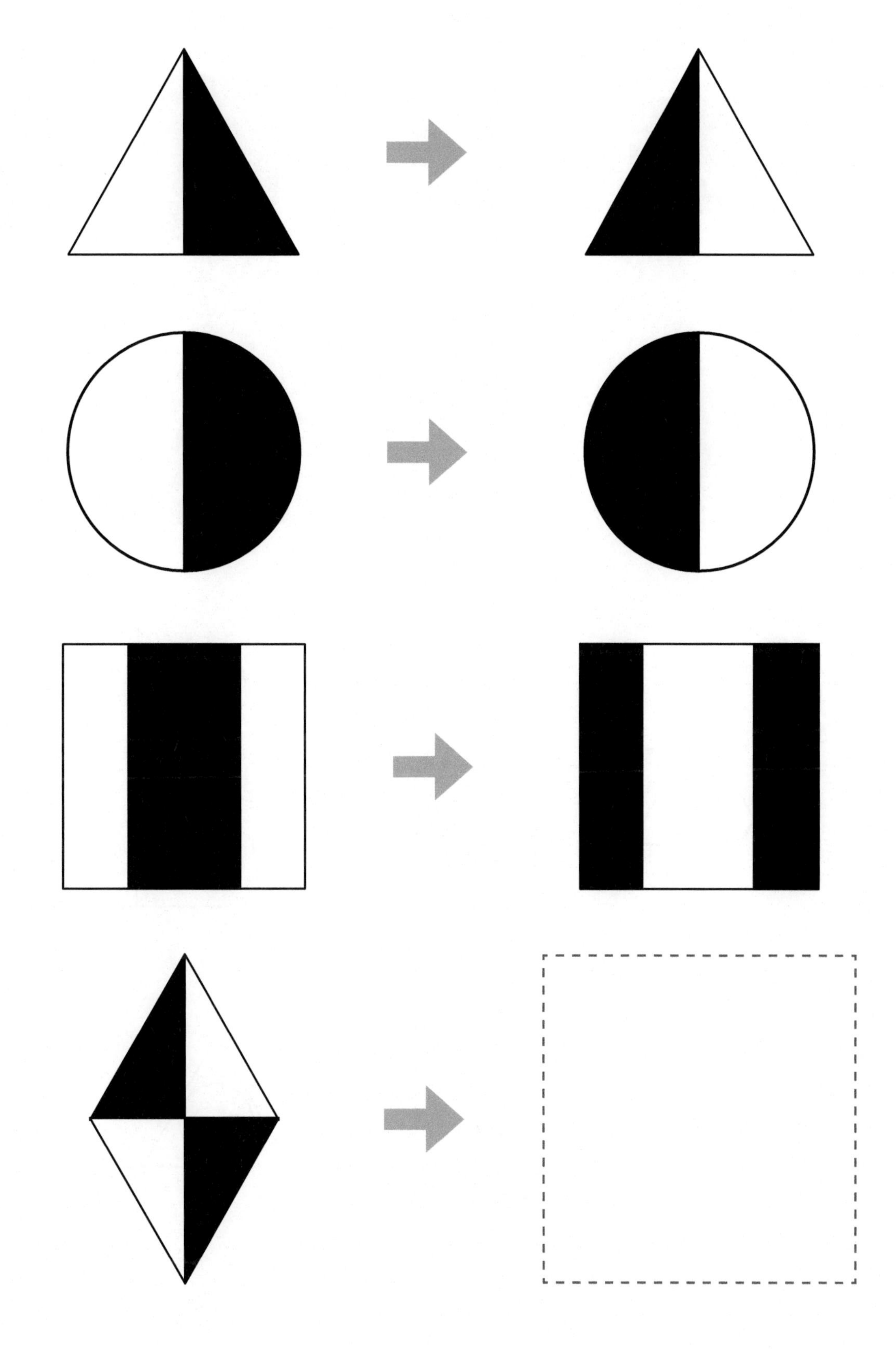

C 확인하기

03 도형의 규칙에 맞게 빈칸에 알맞은 도형을 그리세요.

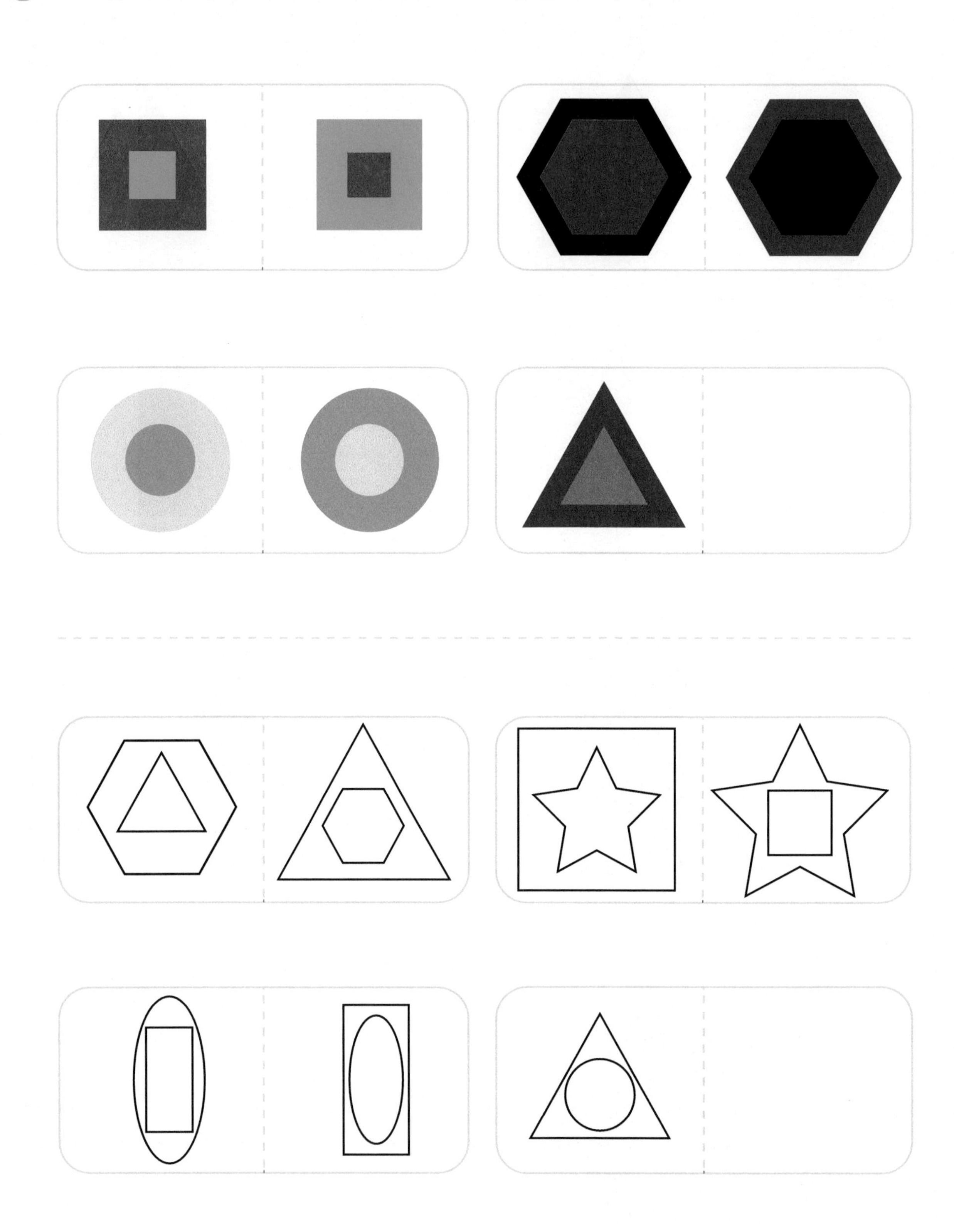

정답 및 풀이 P.20

04 도형의 규칙을 찾아 □에 들어갈 ○와 수를 각각 적으세요.

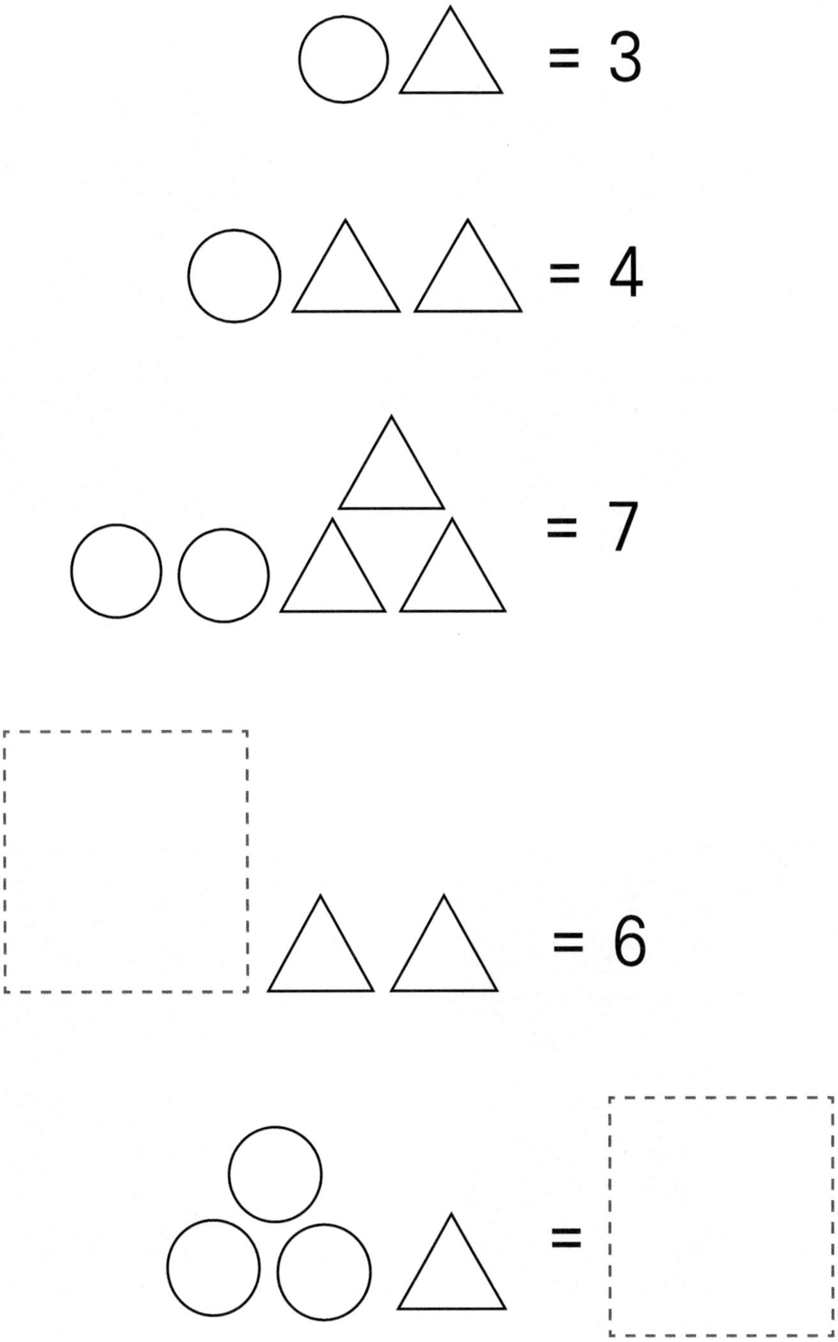

○△ = 3

○△△ = 4

○○△△△ = 7

□△△ = 6

○○○△ = □

03 관계 규칙

실력 쑥쑥 키우기

01 문으로 들어간 수와 나온 수의 규칙을 찾아 빈칸에 알맞은 수를 적으세요.

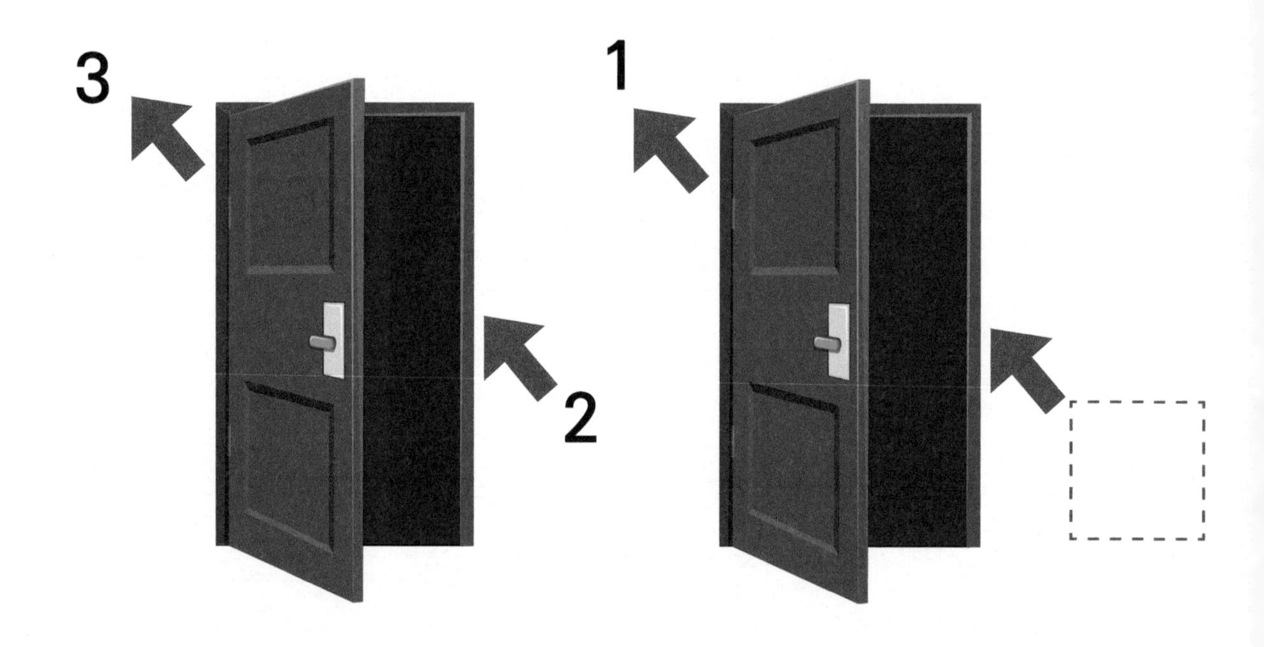

02 화살표의 연산 약속을 보고 빈칸에 들어갈 수를 차례대로 적으세요.

➡ 의 약속 : 4를 더합니다.

➡ 의 약속 : 5를 뺍니다.

➡ 의 약속 : 2를 더합니다.

➡ 의 약속 : 6을 뺍니다.

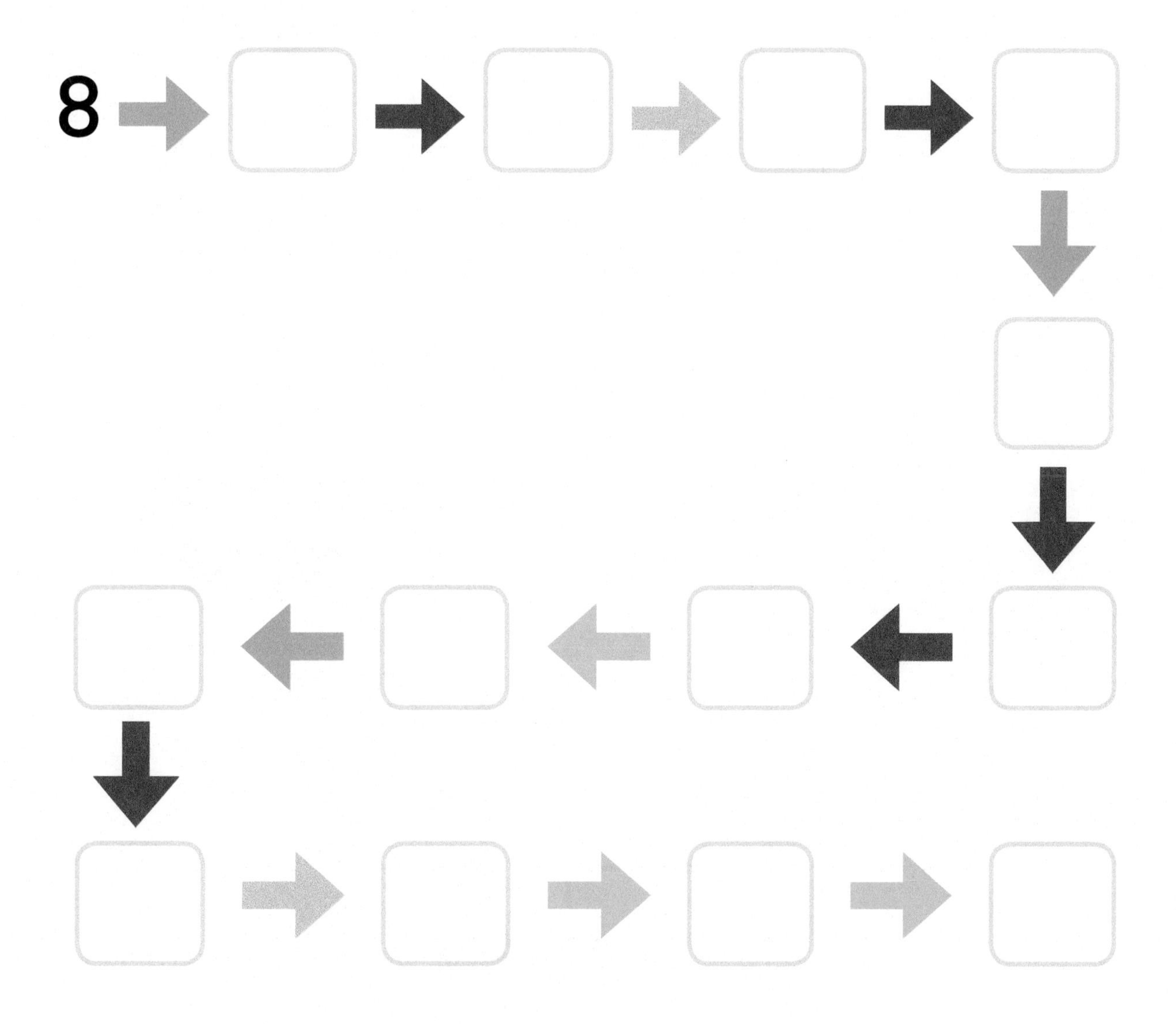

03 관계 규칙

실력 쑥쑥 키우기

03 상자의 규칙을 찾아 □에 알맞은 수를 적거나 도형을 그리세요.

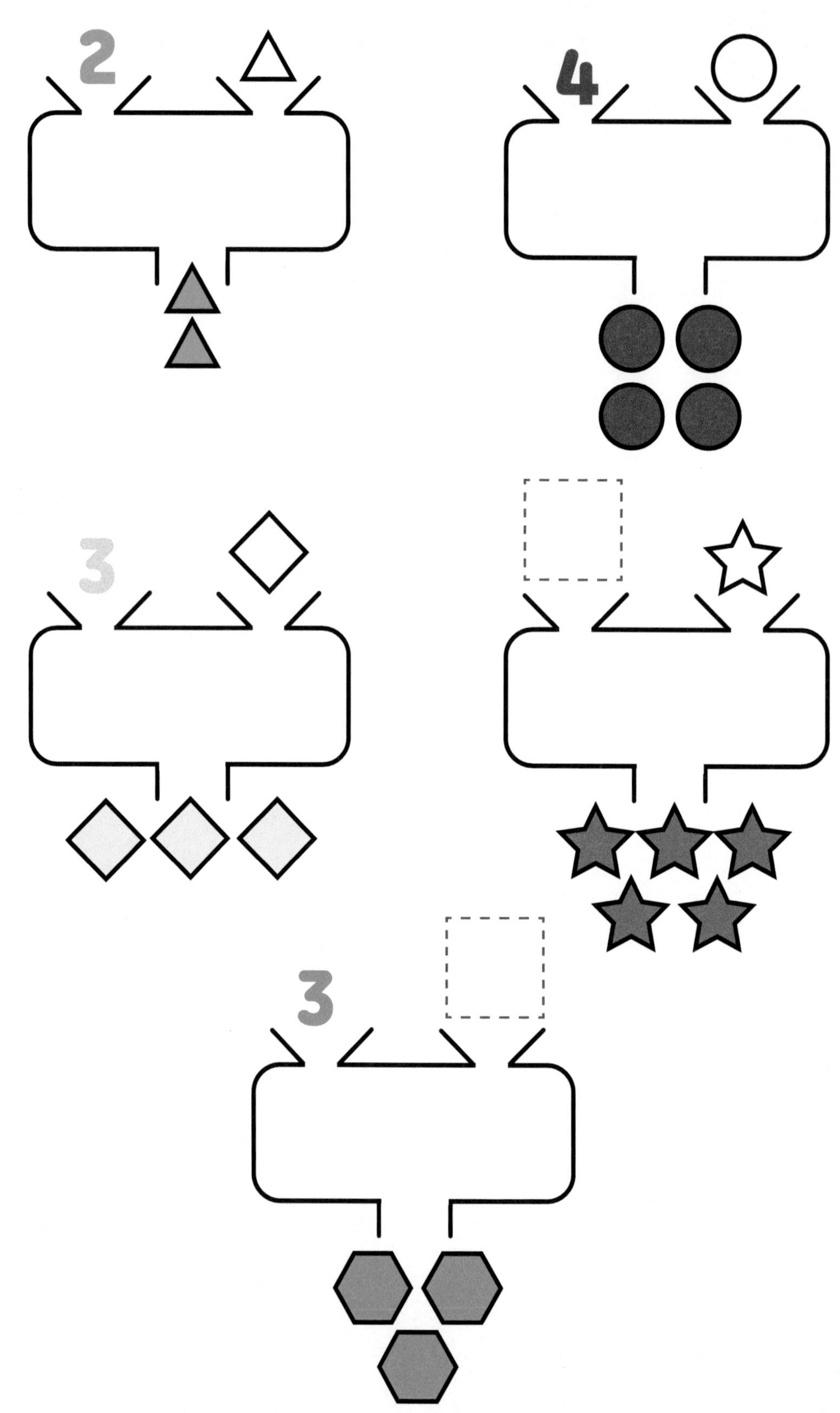

04 화살표의 규칙을 찾아 빈칸에 알맞은 도형을 그리세요.

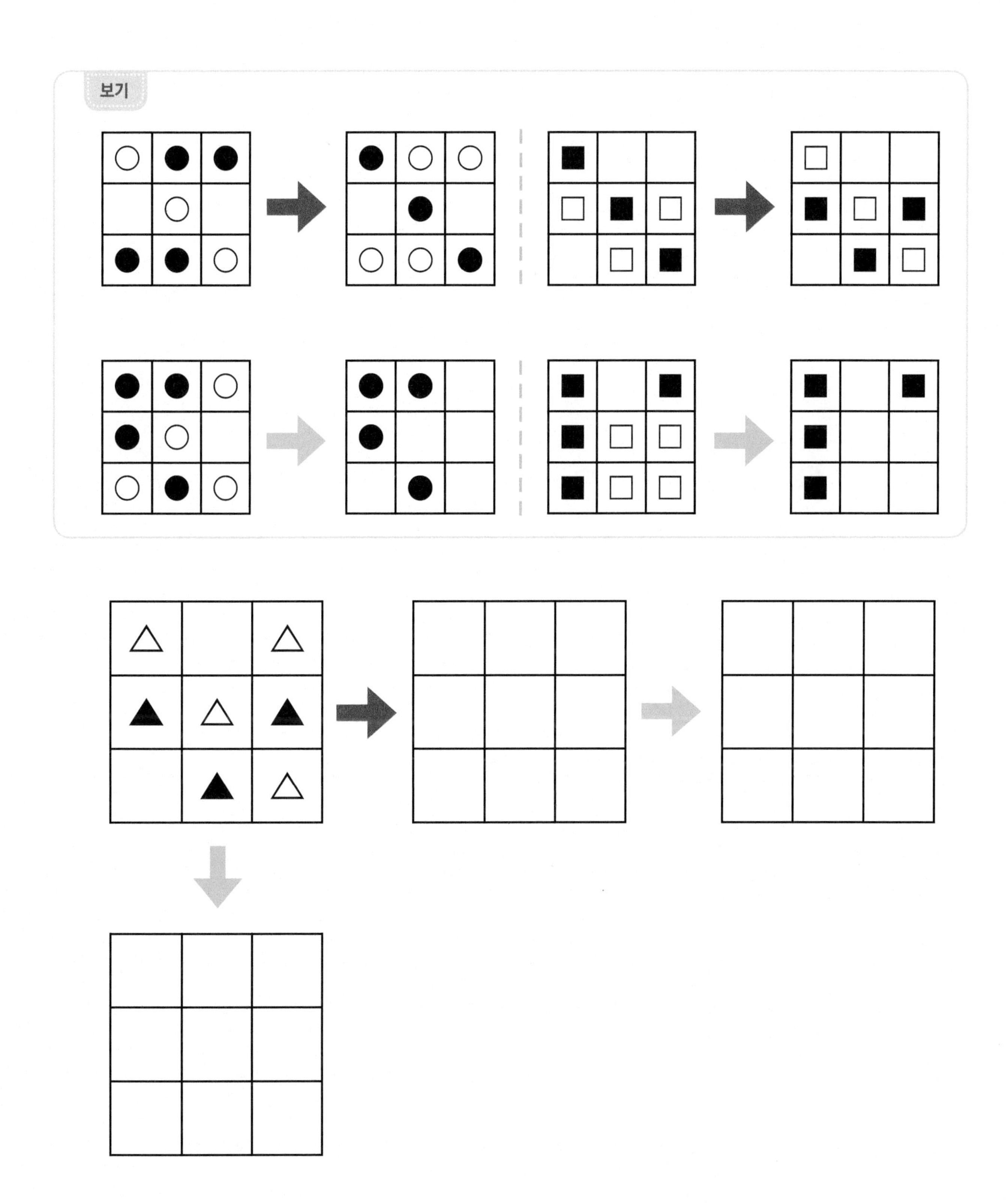

03 관계 규칙 실력 쑥쑥 키우기

05 수 사이의 규칙을 찾아 ○에 알맞은 수를 적으세요.

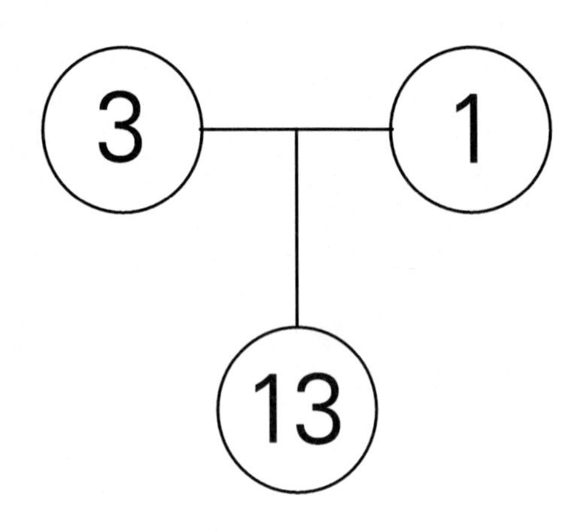

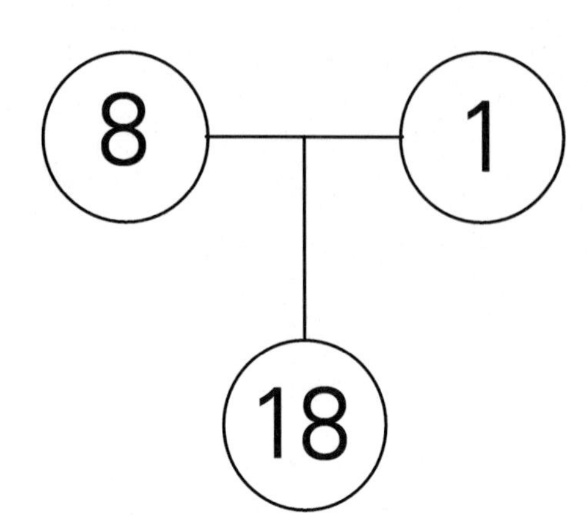

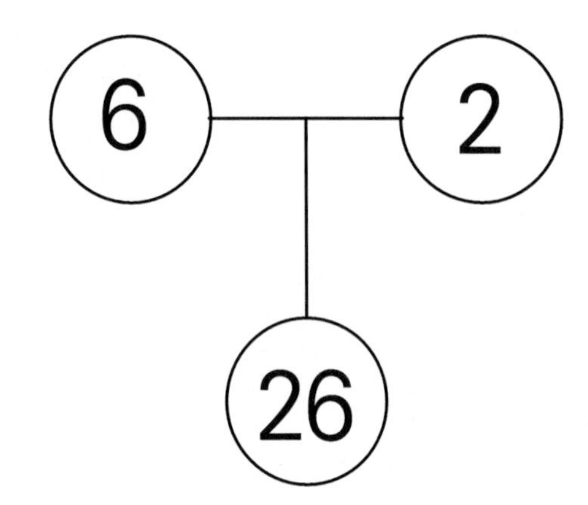

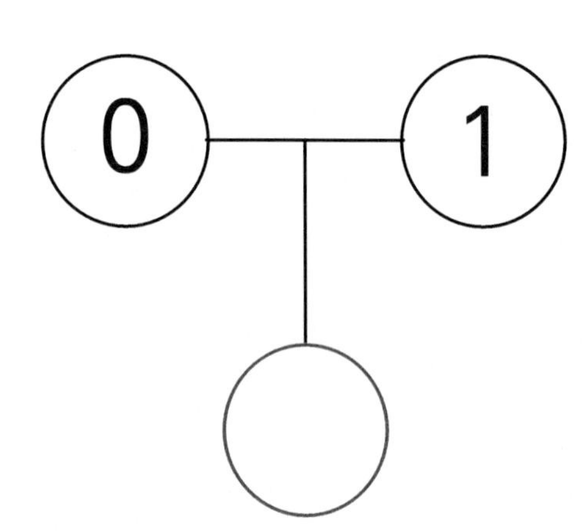

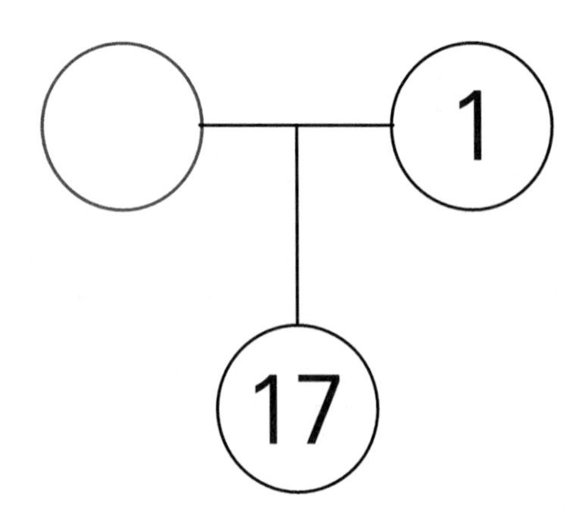

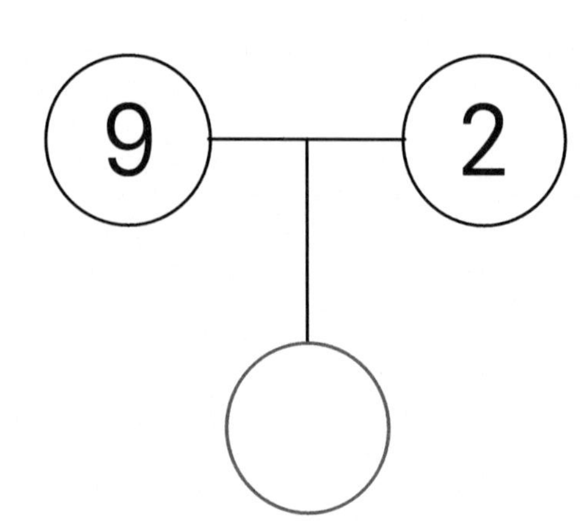

정답 및 풀이 P.22

06 창의융합문제

무우가 숫자를 눌러 약속된 글자를 만들 때, 〈보기〉의 표를 보고 빈칸에 알맞은 글자를 적으세요.

보기

누르는 숫자	0	1	2	3	4	5	6	7	8	9
약속된 글자	ㄴ	ㅅ	ㅎ	ㅂ	ㄱ	ㅇ	ㅜ	ㅏ	ㅗ	ㅛ

373 = [ ]

170 = [ ]

0607 = [ ]

16274 = [ ]

매트릭스 규칙?

응? 벽에 있는 메뉴판이 매트릭스 규칙이네.
매트릭스 규칙? 그게 뭔데?
가로줄과 세로줄이 만나는 규칙을 매트릭스 규칙이라고 해~
음식
접시
밥
국수
가로줄의 음식과 세로줄의 접시가 만나고 있네!

4. 여러 가지 규칙

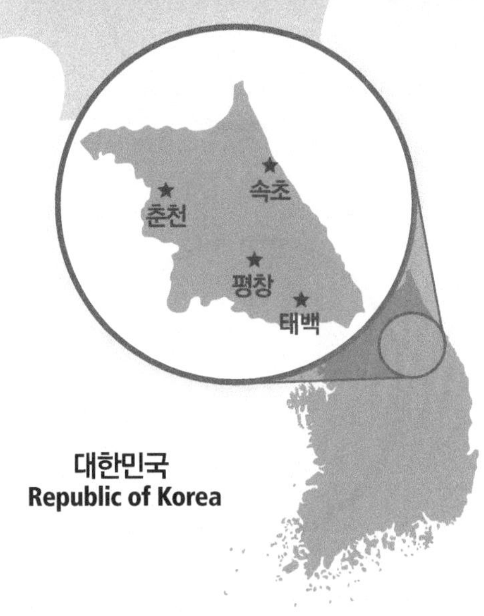

강원도 넷째 날 DAY 4

무우와 친구들은 강원도 여행 넷째 날, <태백>에 도착했어요. <태백> 에서 만날 수학 문제에는 어떤 것들이 있을까요? 즐거운 수학여행 출발~!

회전 규칙

다트판에 꽂힌 다트를 보고 빈 다트판에 다트를 ×로 표시하세요.

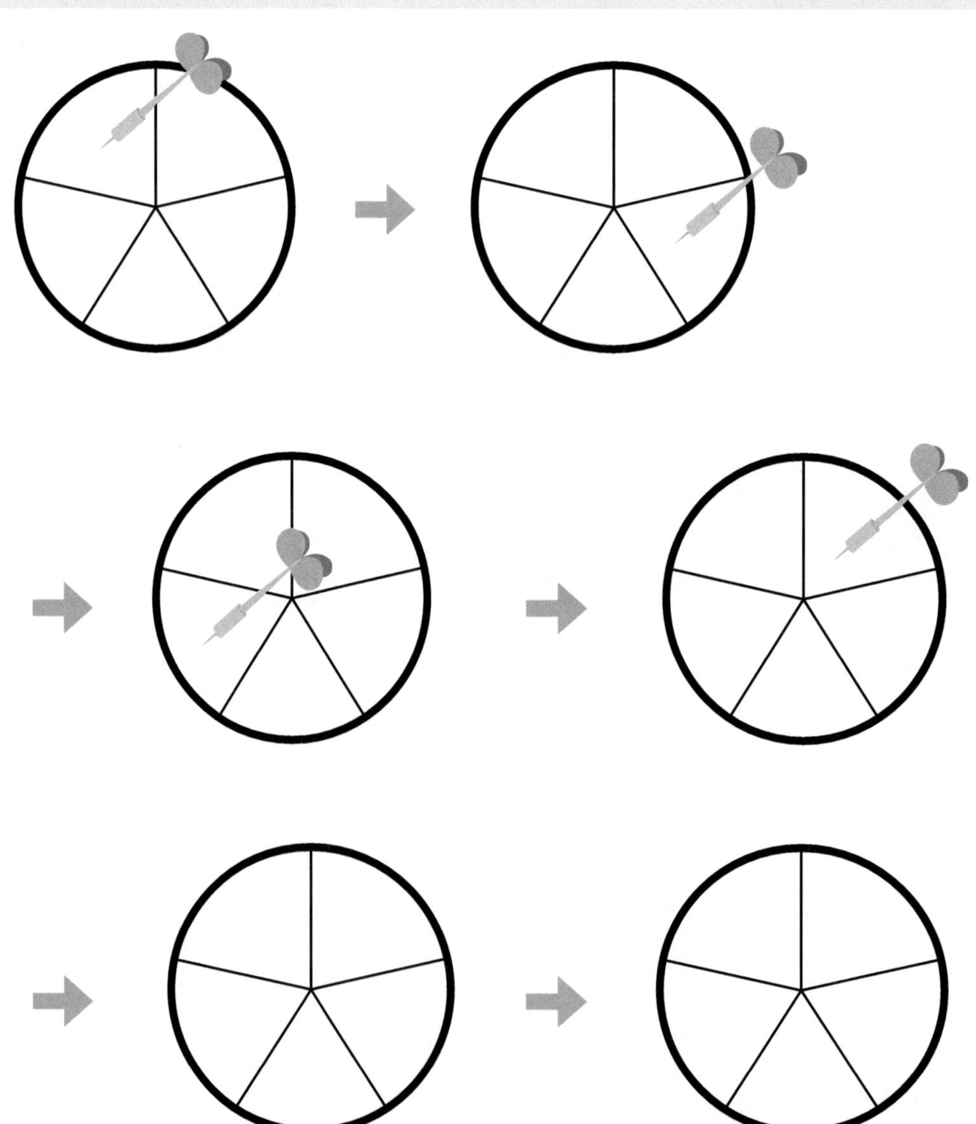

도형의 회전 규칙을 찾습니다.

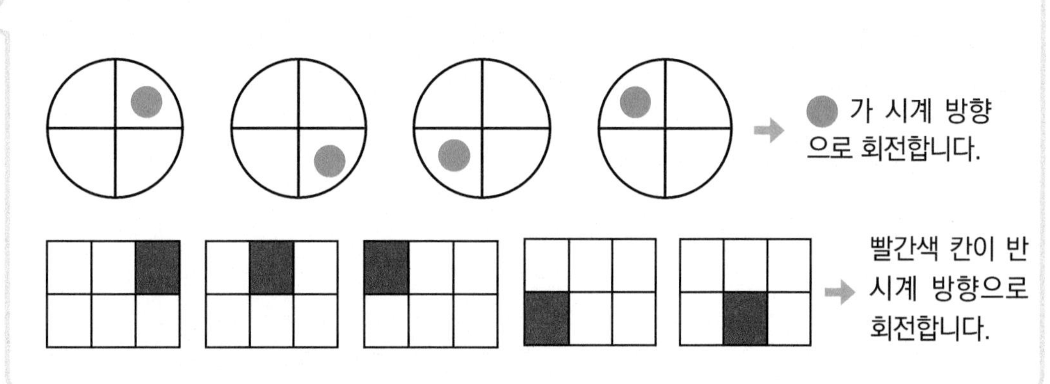

규칙에 맞게 도형의 빈칸에 알맞게 색칠하세요 .

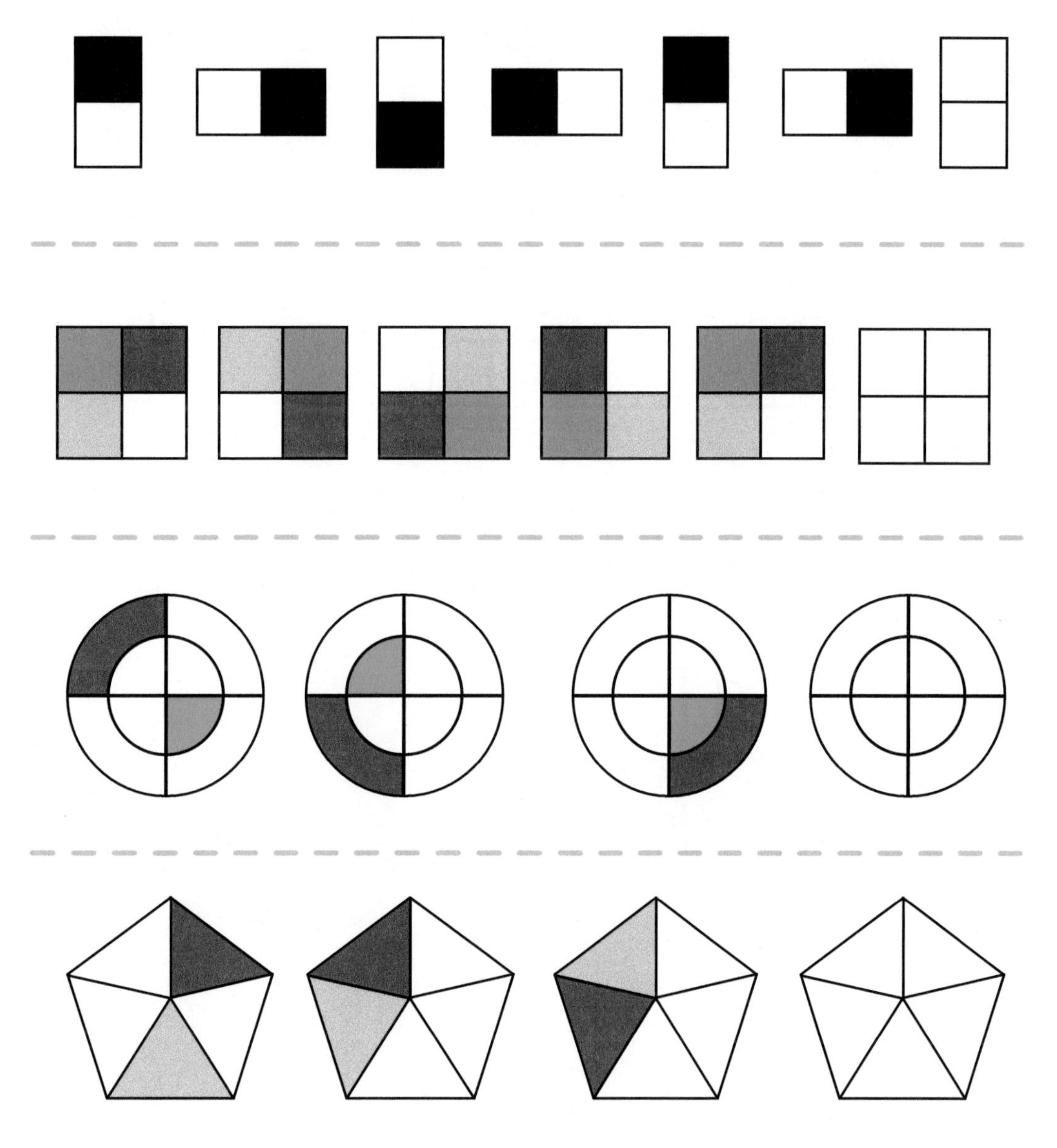

A 확인하기

01 규칙에 따라 구슬을 연결할 때 빈칸에 들어갈 모양을 그리고 색칠하세요.

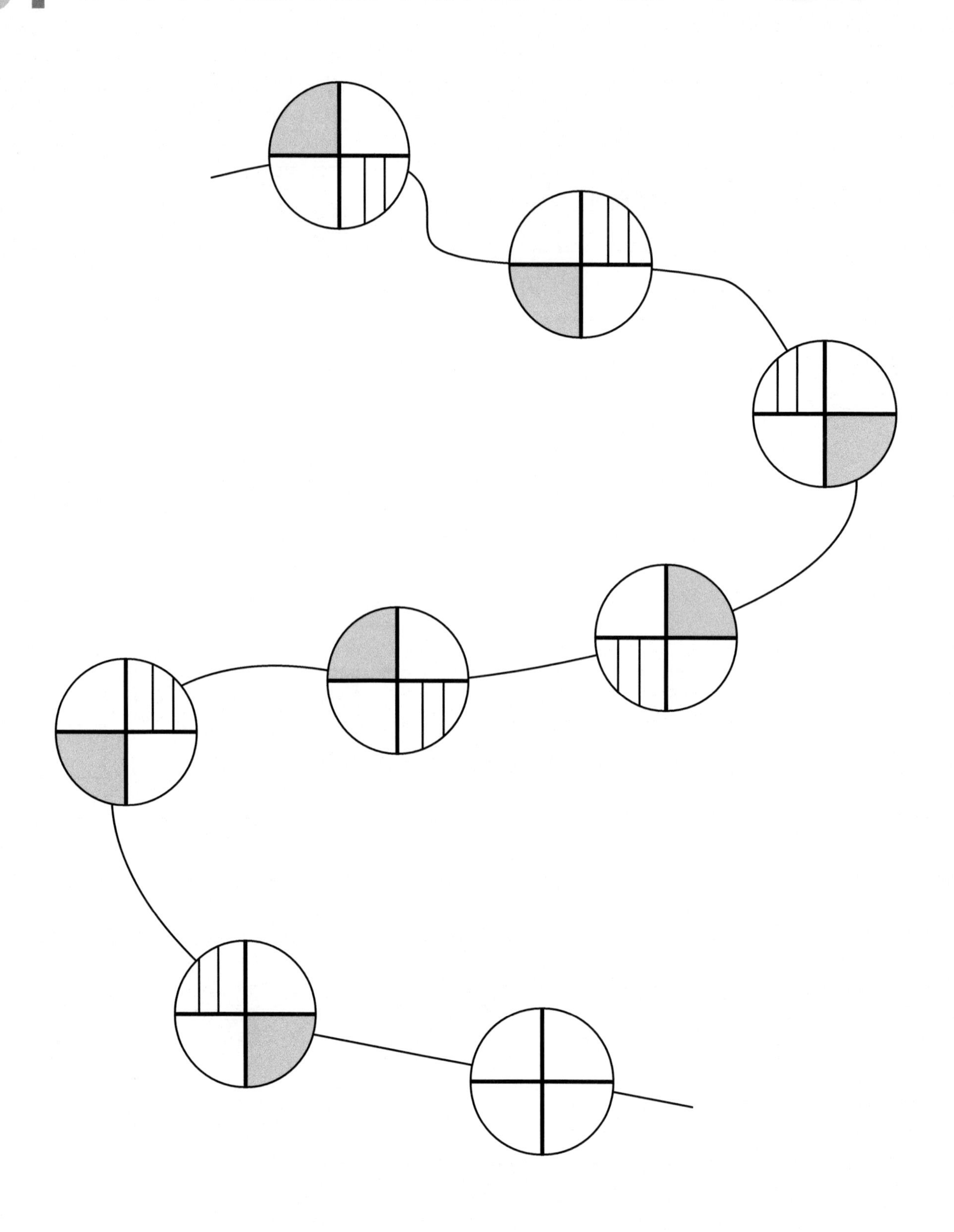

02 규칙에 맞게 도형의 빈칸을 알맞게 색칠하세요.

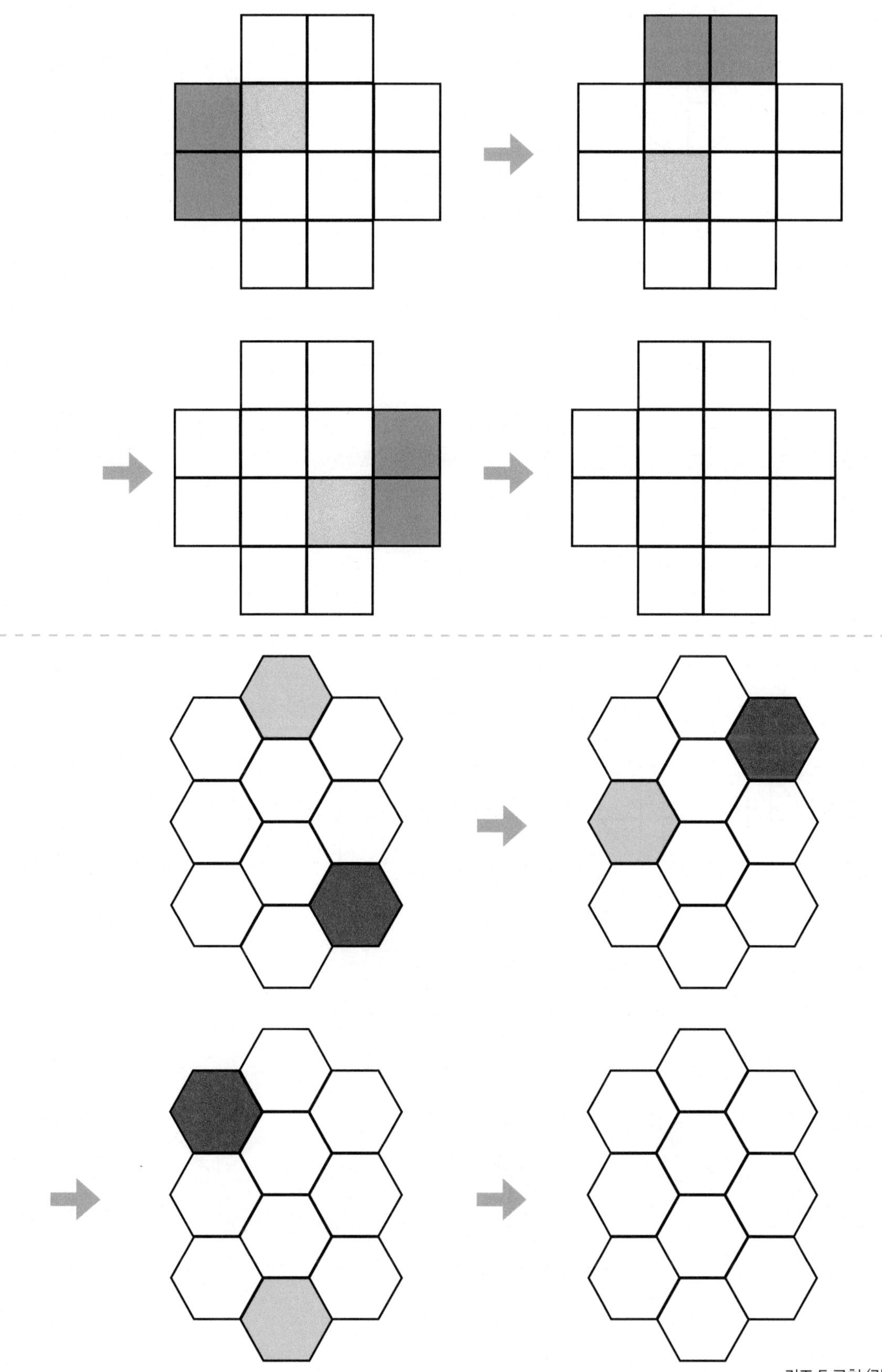

A 확인하기

03 규칙에 맞지 않는 도형 하나를 찾아 ○ 표시하세요.

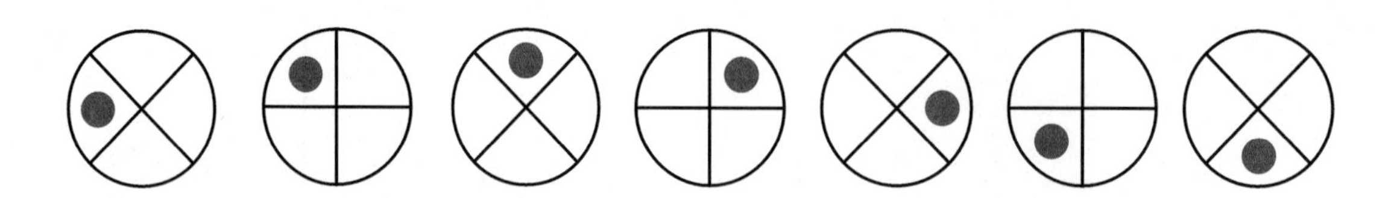

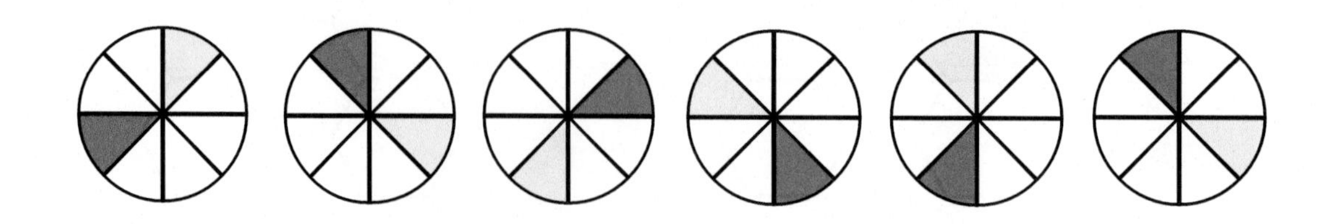

04 규칙에 맞게 빈칸에 들어갈 시계를 기호로 적으세요.

05 규칙에 따라 구슬 팔찌가 있습니다. 마지막 구슬 팔찌에 알맞게 색칠하세요.

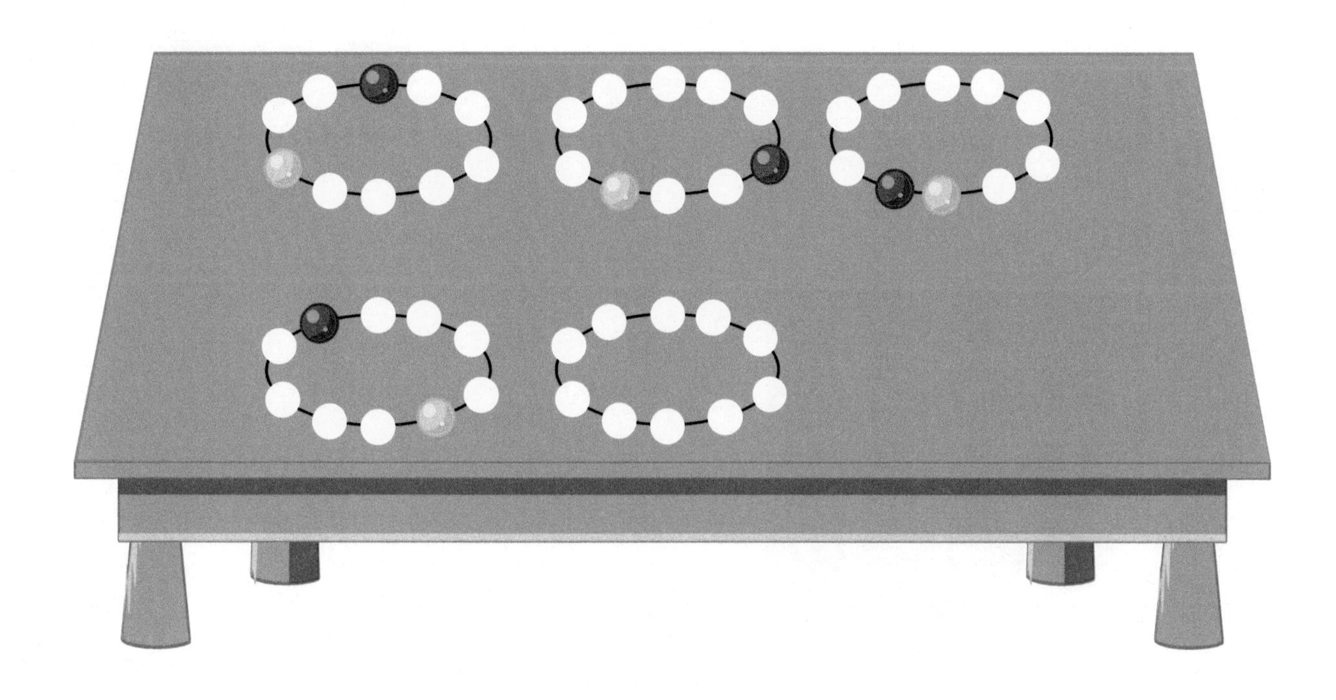

늘어나는 규칙

돌이 늘어나는 규칙을 찾아 빈칸에 알맞은 돌의 모양을 그리세요.

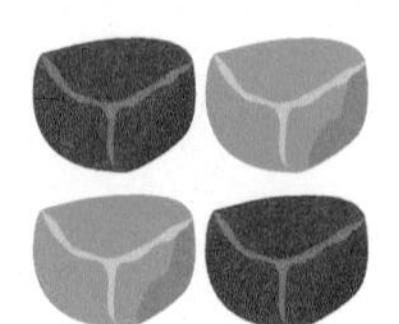

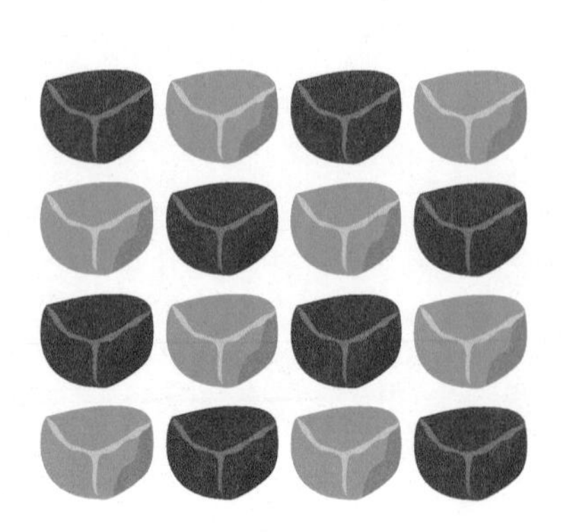

바둑돌과 시계에서 늘어나는 규칙을 찾습니다.

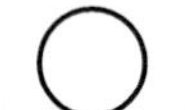        ···

▲ 흰 바둑돌과, 검은 바둑돌이 반복되고, 바둑돌이 한 개씩 늘어납니다.

▲ 빨간색 시침이 시계방향으로 2칸씩 이동합니다.

규칙에 맞게 도형의 빈칸에 알맞게 색칠하세요 .

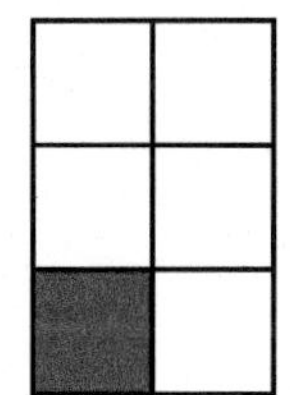 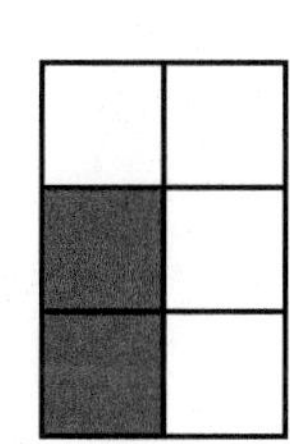 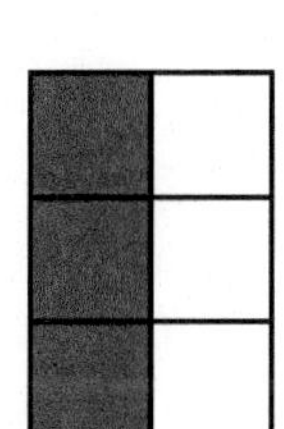 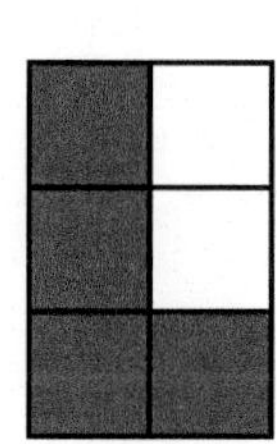 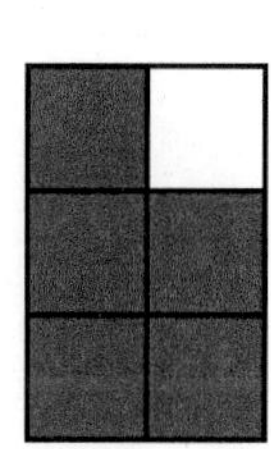 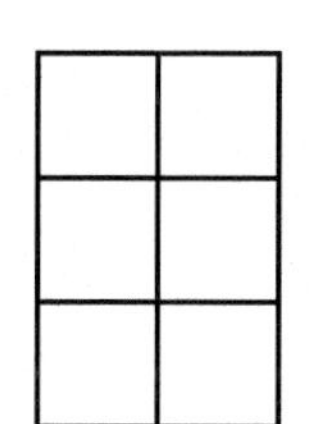

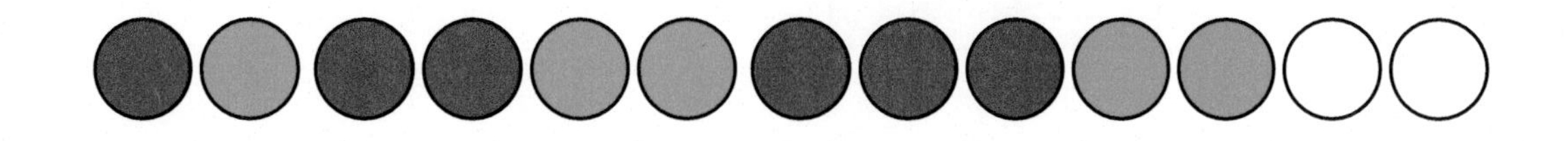

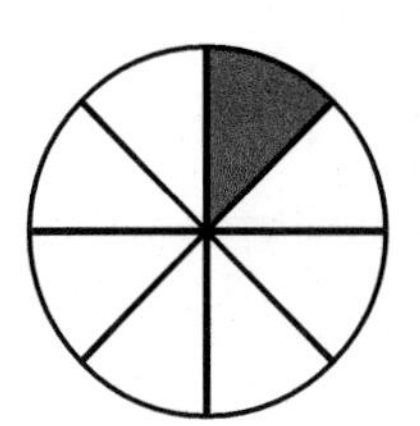 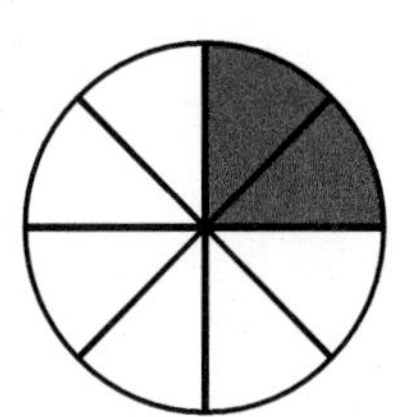 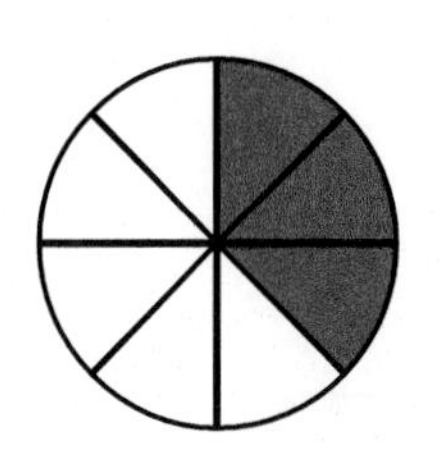 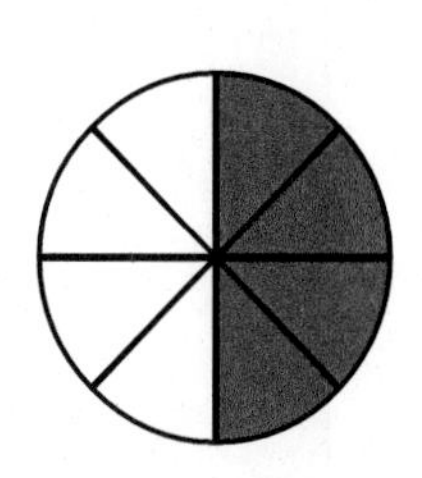 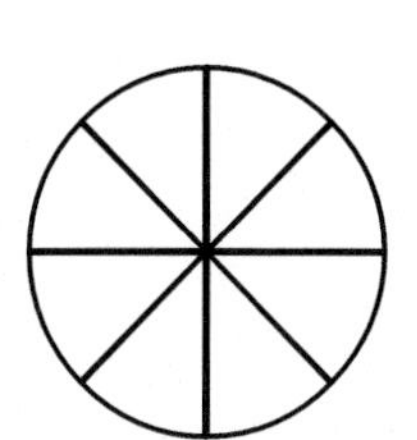

B 확인하기

01 늘어나는 규칙을 찾아 빈칸에 들어갈 알맞은 도형의 기호로 적으세요.

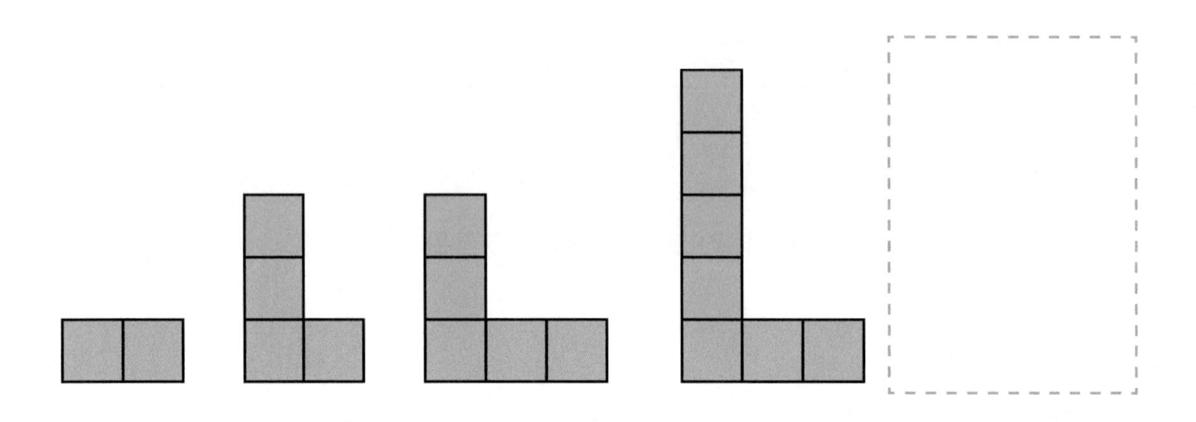

㉠

㉡

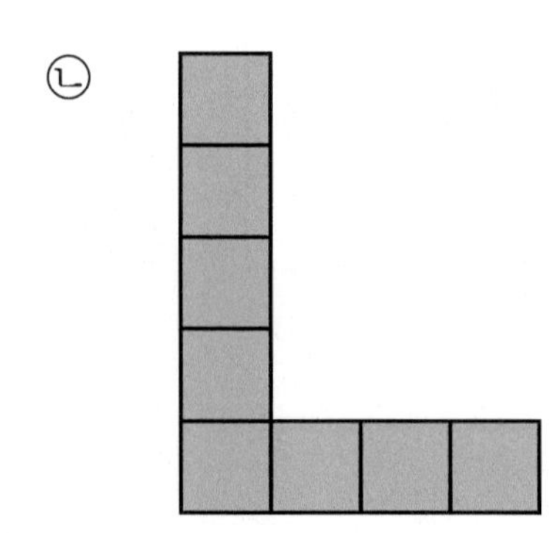

㉢

㉣

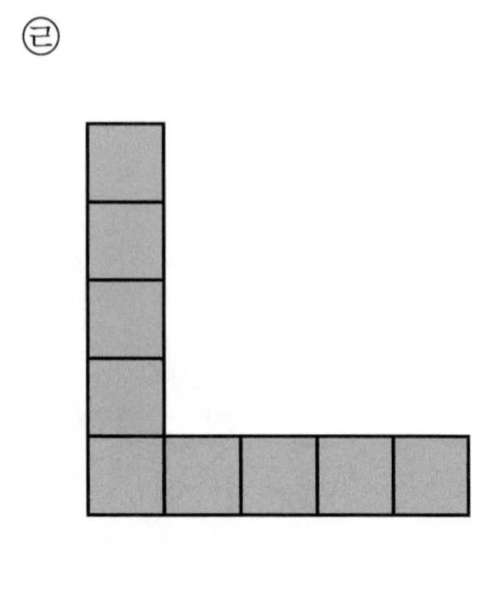

정답 및 풀이 P.25

02 규칙에 맞게 도형의 빈칸에 알맞게 색칠하세요.

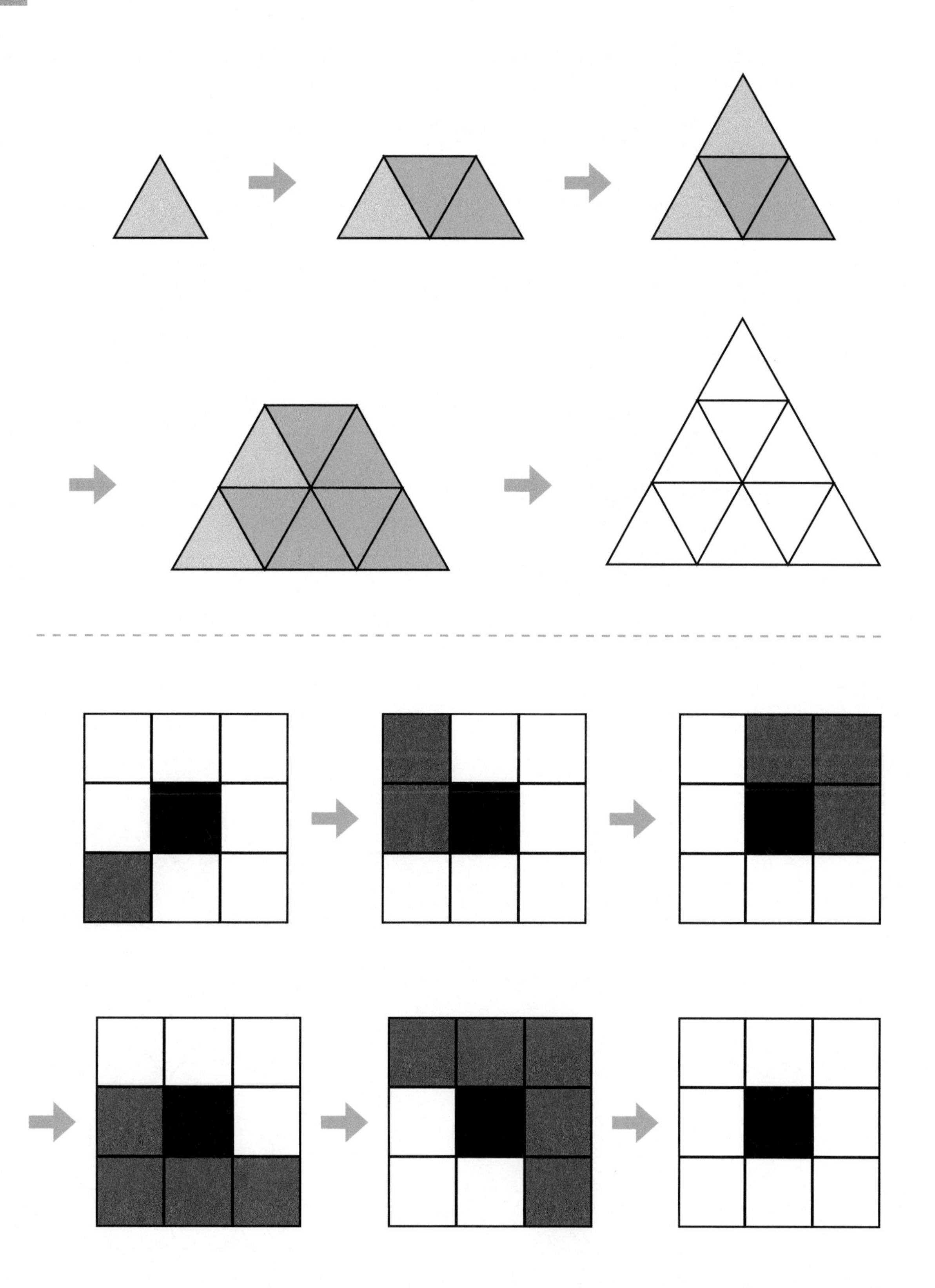

B 확인하기

03 규칙에 맞게 도형의 빈칸에 알맞게 색칠하세요.

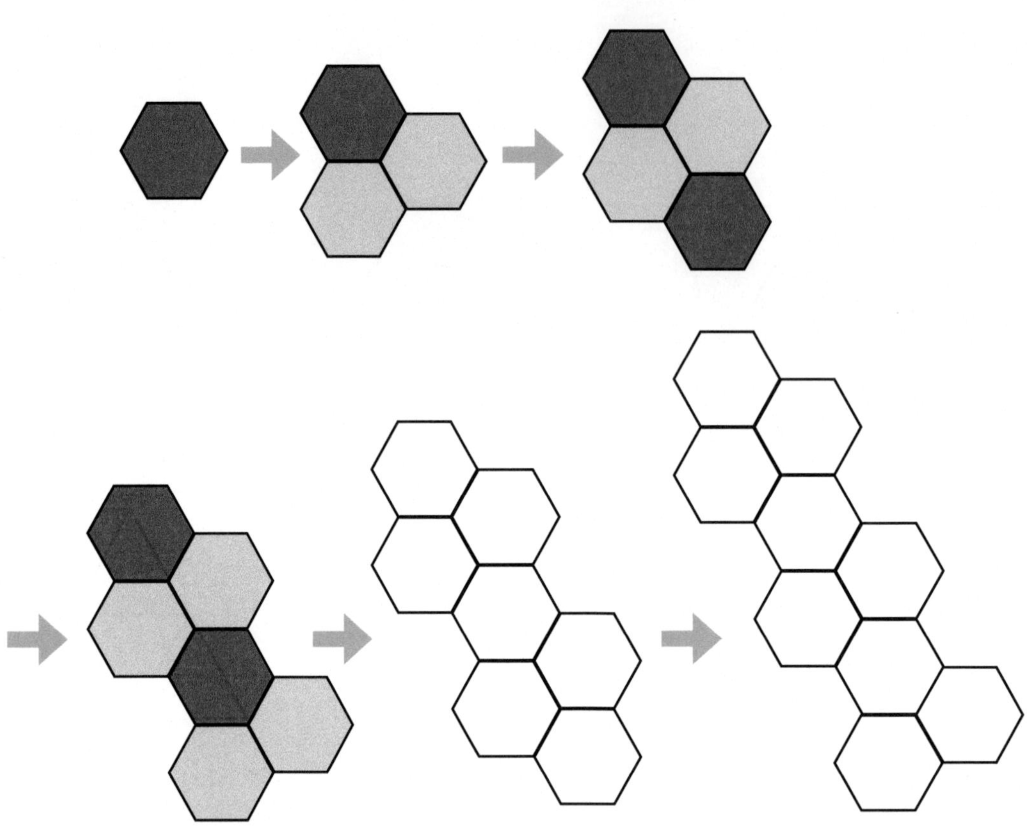

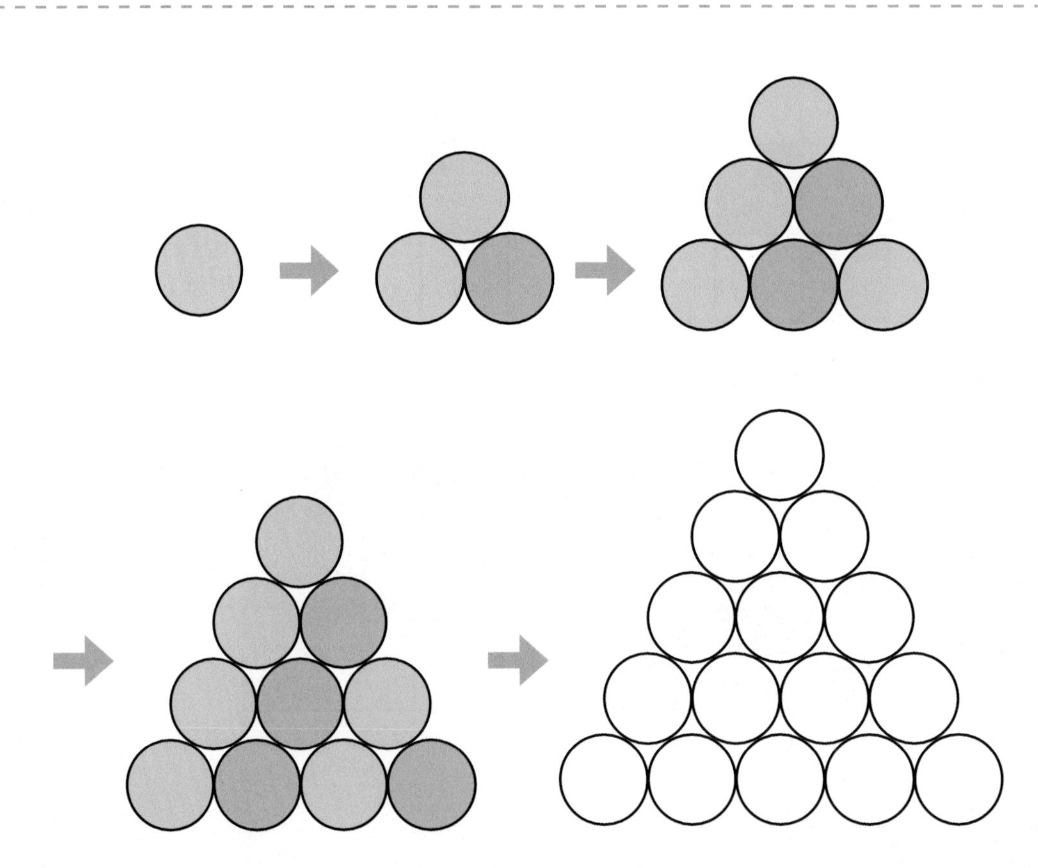

정답 및 풀이 P.26

04 규칙에 맞게 마지막에 놓이는 바둑돌을 빈칸에 그리세요.

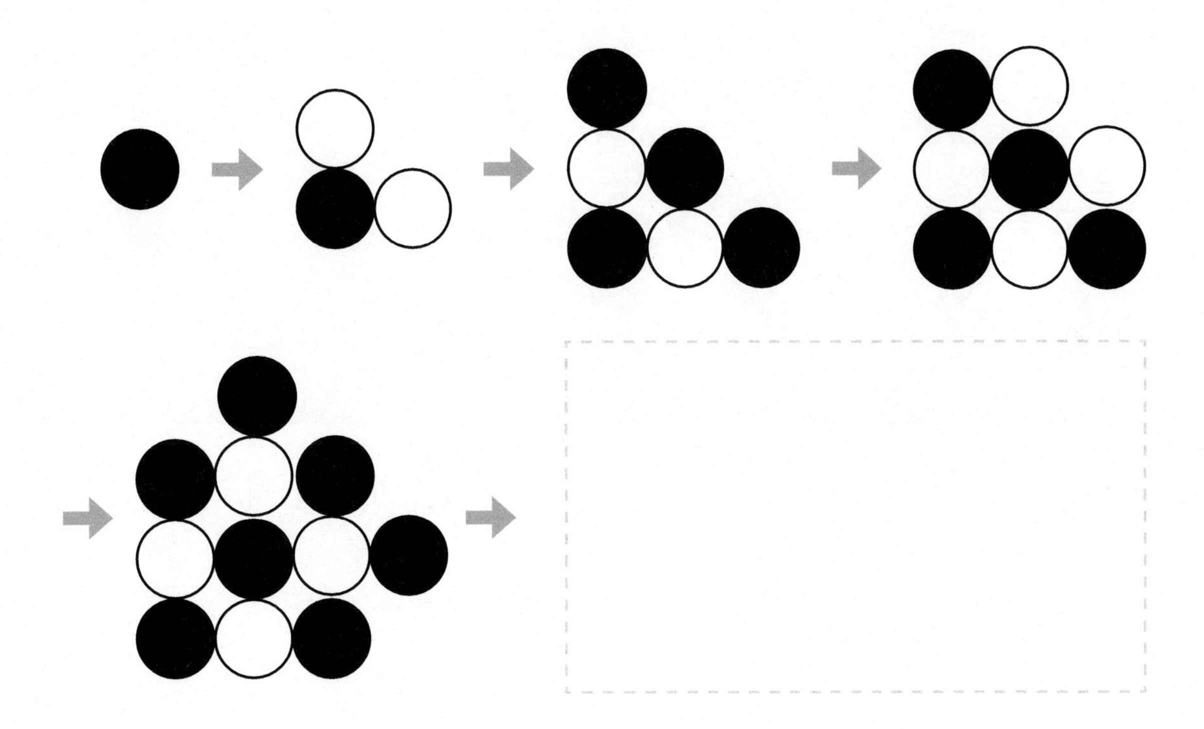

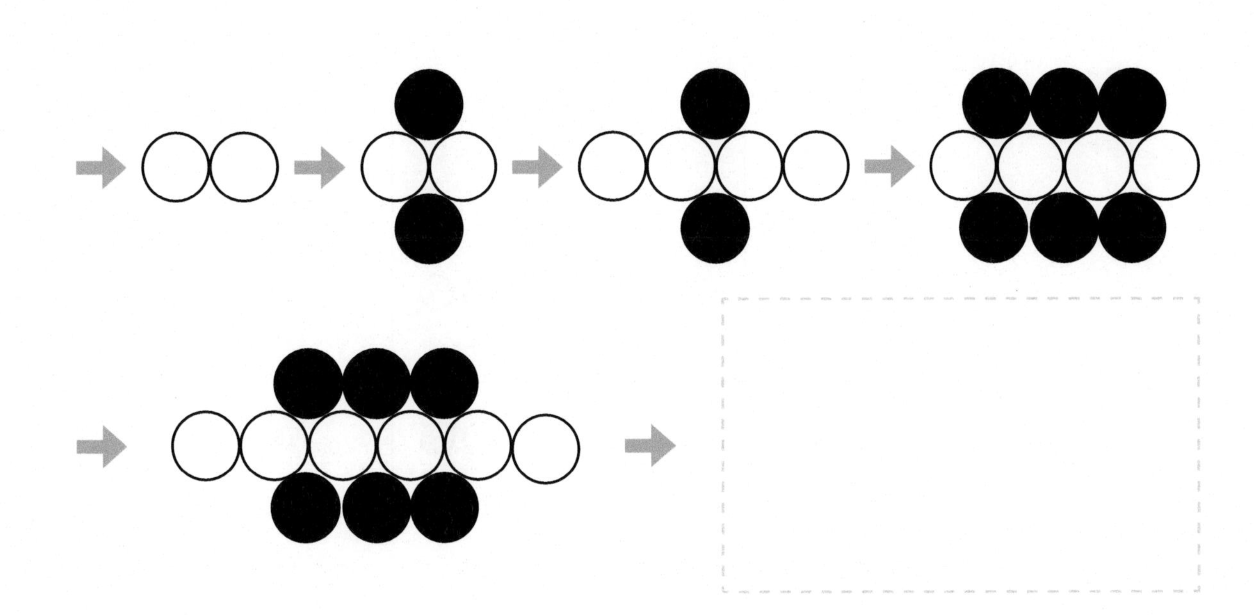

C 매트릭스 규칙

매트릭스 규칙을 찾아 빈칸에 알맞은 개수를 적고 도형을 그리세요.

도형 / 개수			■
	△	○	
		○○○	
		○○○ ○○	

정답 및 풀이 P.27

가로, 세로의 규칙에 따라 빈칸에 들어갈 도형을 그립니다.

도형 / 색깔	○	◇
빨강색	●	◆
파랑색	●	◆

도형 / 개수	☆	▲
2개	☆☆	▲▲
3개	☆☆☆	▲▲▲

가로, 세로의 규칙에 따라 빈칸에 들어갈 스티커를 붙이세요.

종류 / 색깔	승용차	버스
파랑색		
노랑색		

과일 / 개수	사과	레몬	바나나
1개			
3개			
2개			

C 확인하기

01 가로, 세로의 규칙에 따라 무우의 표정을 그리세요.

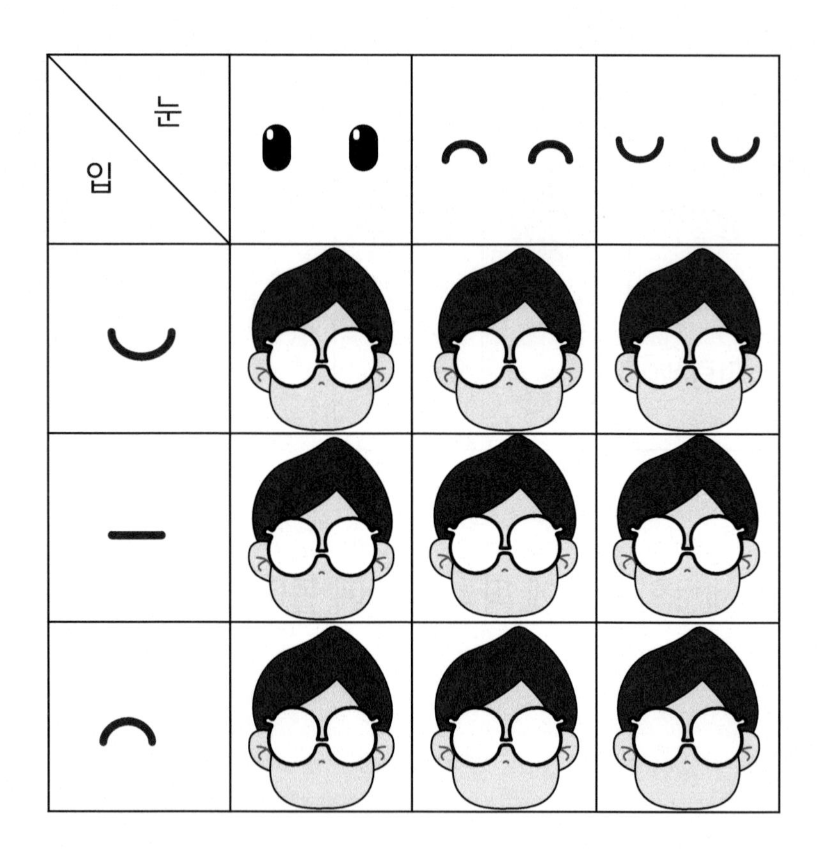

02 매트릭스 규칙을 찾아 빈칸에 알맞은 도형을 그리세요.

도형 / 무늬			

정답 및 풀이 P.27

03 무우가 출발점에서 주어진 화살표대로 움직일 때, 도착하는 곳을 기호로 적으세요.

2 → : 오른쪽으로 2칸 움직이기

1 ↑ : 위쪽으로 1칸 움직이기

2 ↓ : 아래쪽으로 2칸 움직이기

1 ← : 왼쪽으로 1칸 움직이기

출발 → ↑1 →2 →2 ↓2 ←1 ↑1 → 도착

			㉠		
무우 출발			㉡		
	㉢				

C 확인하기

04 가로, 세로의 규칙에 따라 빈칸을 색칠하세요.

방향 / 색깔	위	중간	아래
파랑			
빨강	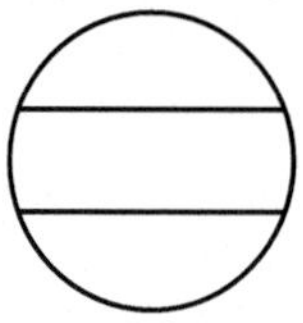	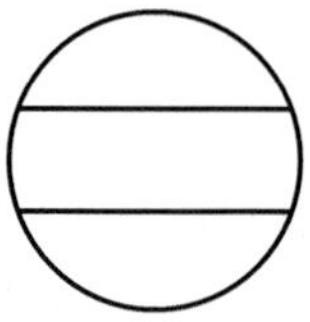	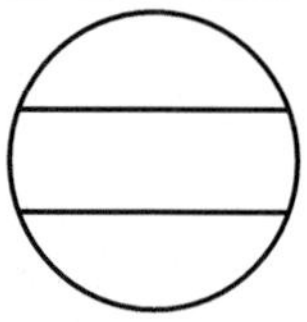
초록	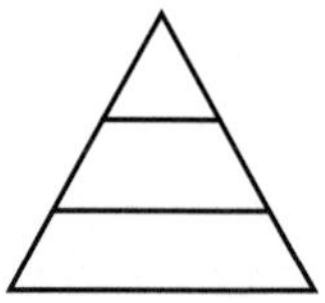	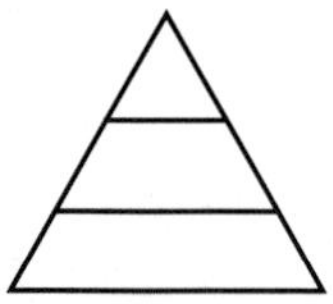	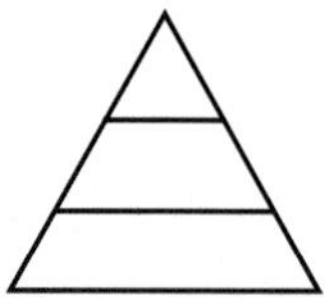

색칠할 꽃잎 / 색깔	3개	4개	1개
노랑			
주황			
초록			

05 매트릭스 규칙에 맞지 않는 칸을 모두 찾아 ×표시하세요.

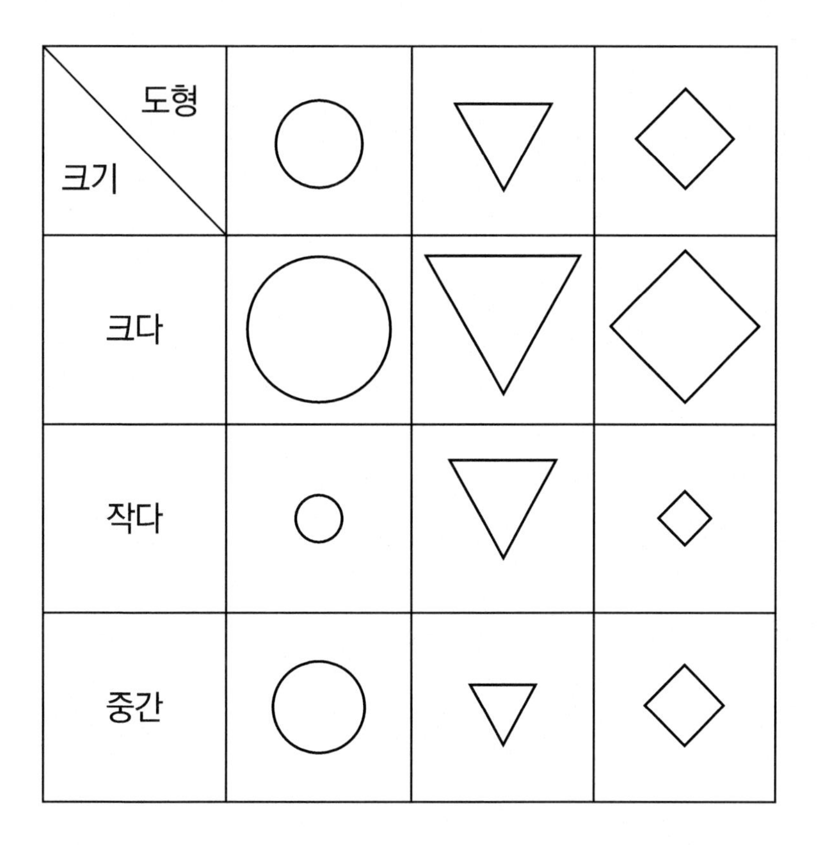

06 가로, 세로 규칙에 맞게 빈칸에 알맞은 모양을 그리세요.

가로 규칙 : 모양이 2개씩 늘어납니다.

세로 규칙 : 모양이 1개씩 줄어듭니다.

가로

세로

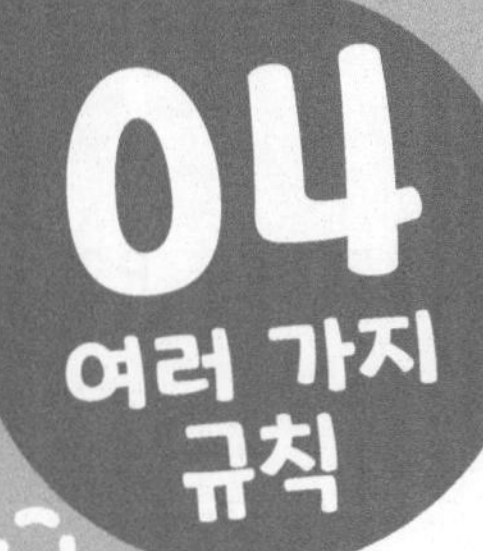

실력 쑥쑥 키우기

01 빈칸에 알맞은 그림을 그리세요.

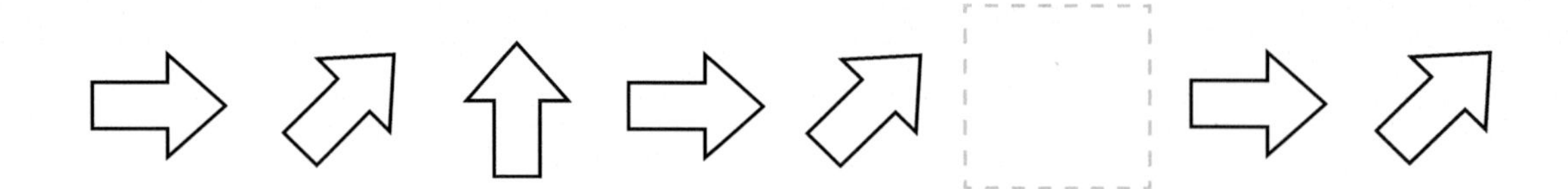

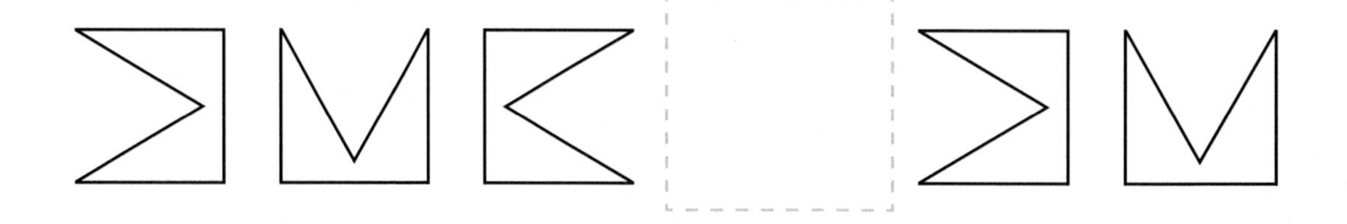

02 규칙에 맞게 도형의 빈칸에 알맞게 색칠하세요.

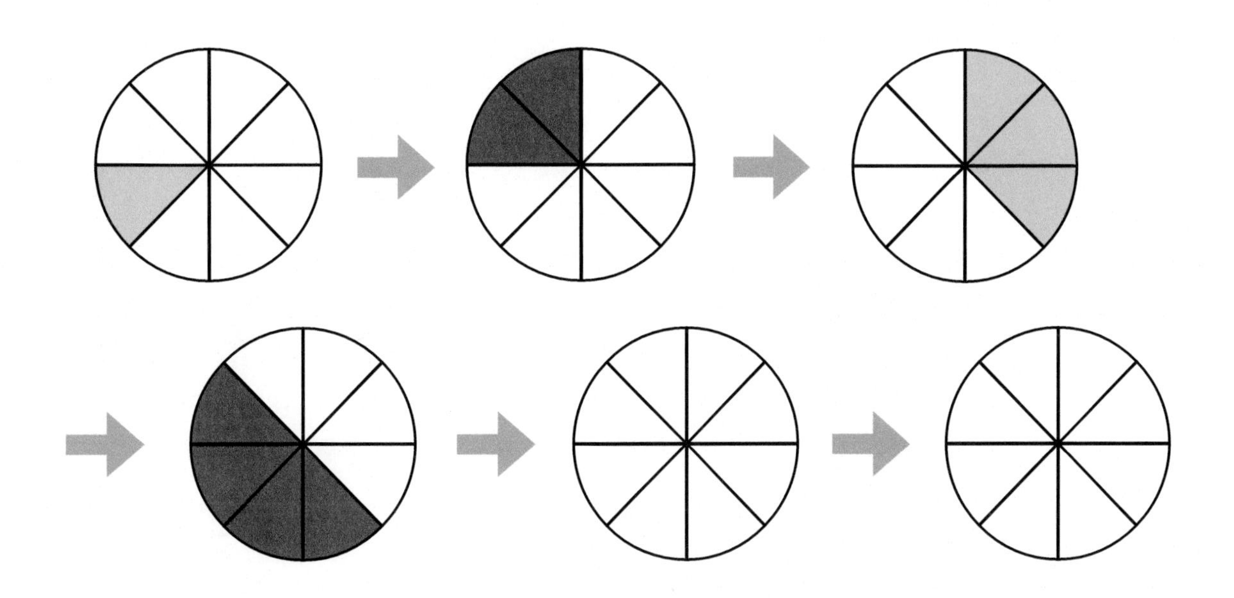

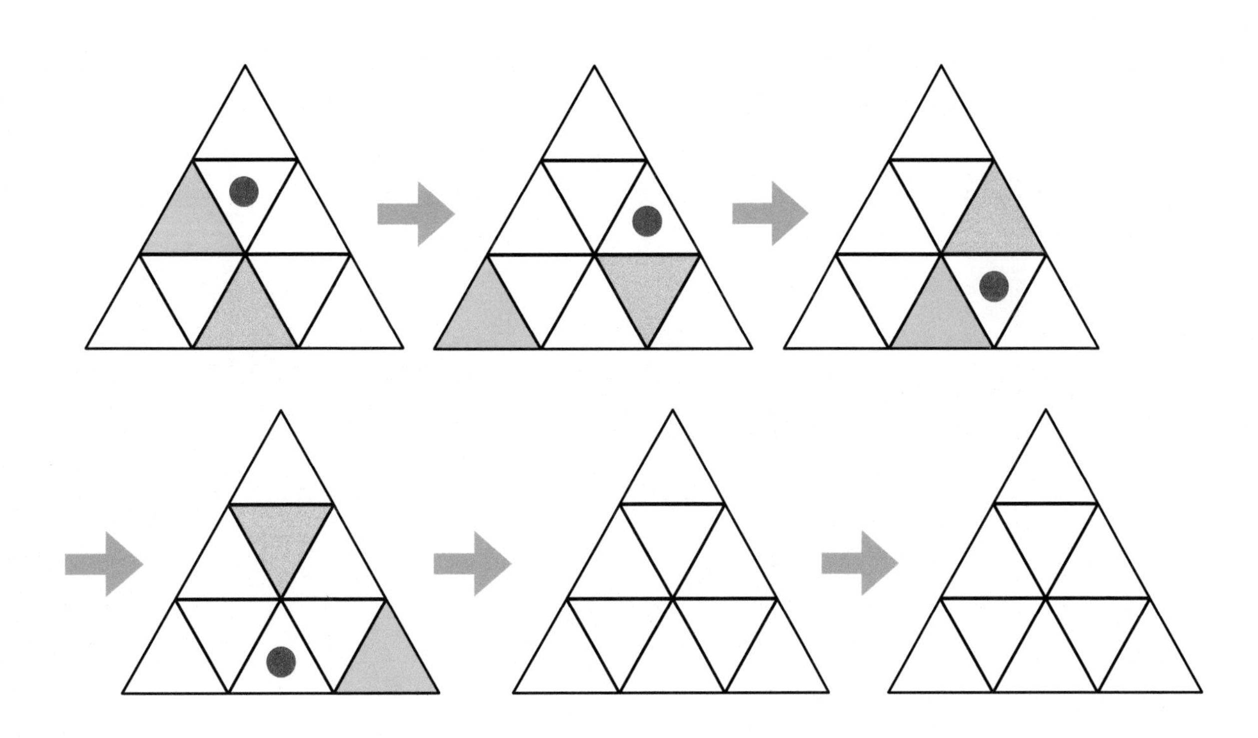

실력 쑥쑥 키우기

03 규칙에 따라 4번째와 5번째 성냥개비 모양을 알맞게 그리세요.

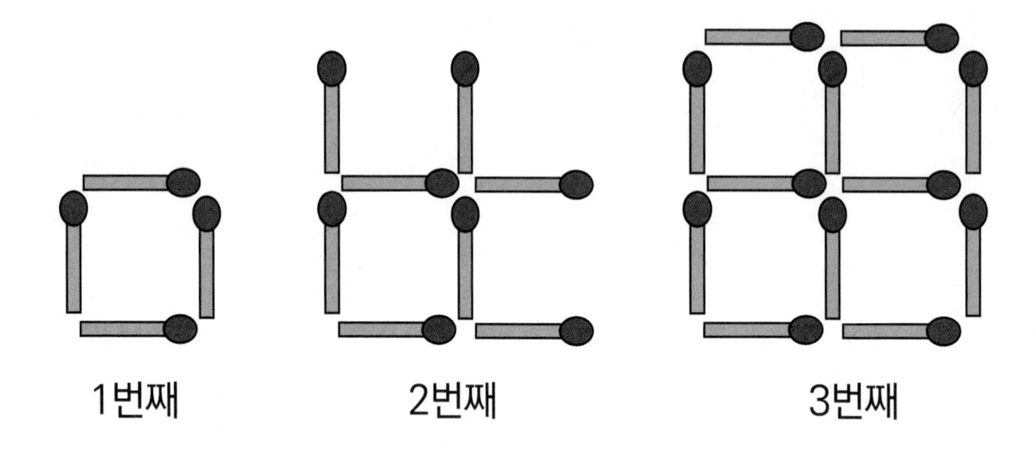

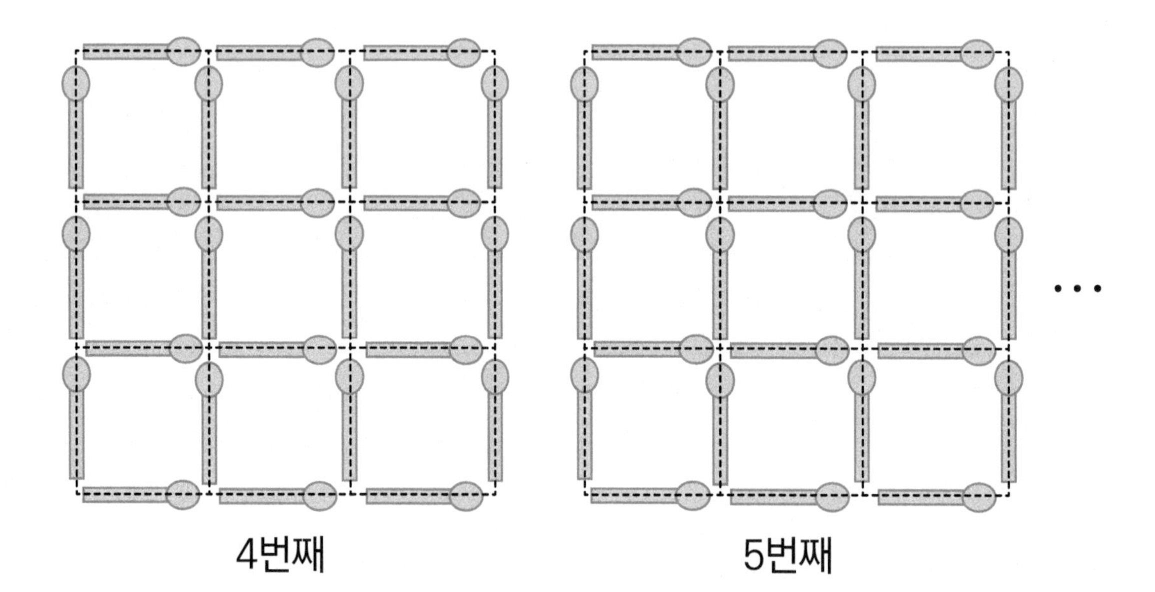

정답 및 풀이 P.30

04 가로, 세로의 규칙에 따라 빈칸에 알맞은 가방 스티커를 붙이세요.

색깔 / 도형	초록	파랑	노랑

04 여러 가지 규칙

실력 쑥쑥 키우기

05 가로, 세로 규칙에 맞게 □ 에 ● 을 하나씩 그리세요.

가로 규칙 : 오른쪽으로 한 칸씩 옮깁니다.

세로 규칙 : 아래쪽으로 한 칸씩 옮깁니다.

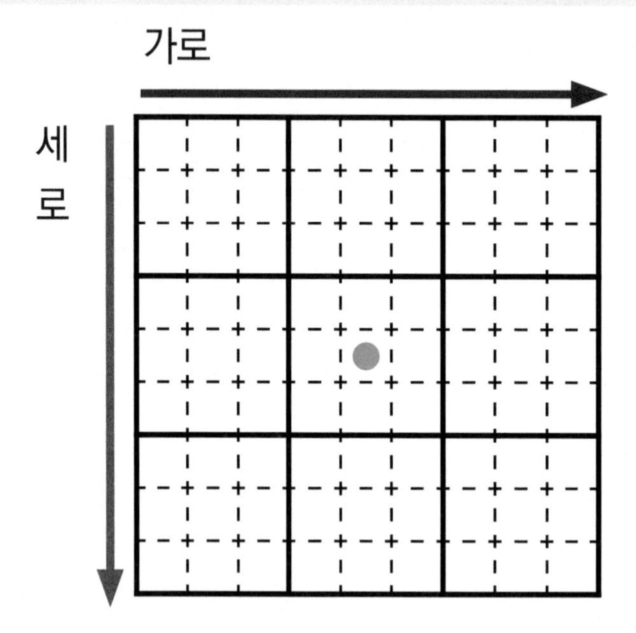

06 규칙에 맞게 마지막에 놓이는 바둑돌의 모양을 빈칸에 그리세요.

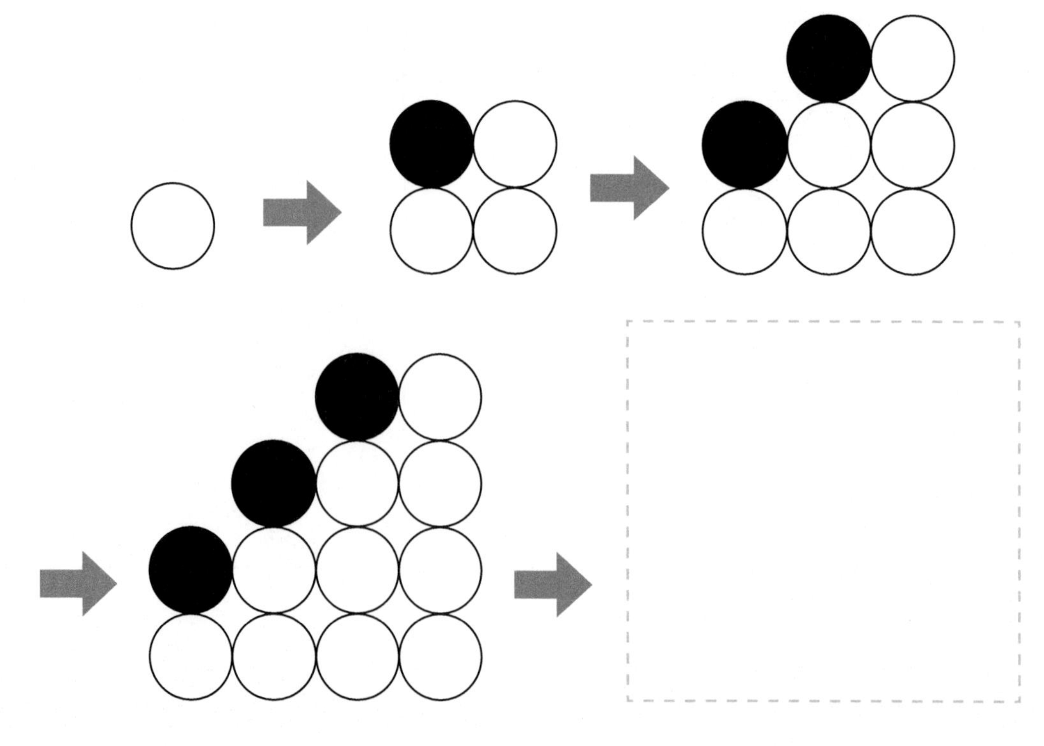

07 창의융합문제

상상이가 출발점에서 주어진 화살표대로 움직일 때 도착하는 곳을 기호로 적으세요.

2 : 아래쪽으로 2칸 움직이기

1 : 오른쪽 위 대각선으로 1칸 움직이기

1 : 오른쪽 아래 대각선으로 1칸 움직이기

2 : 왼쪽 아래 대각선으로 2칸 움직이기

3 : 오른쪽으로 3칸 움직이기

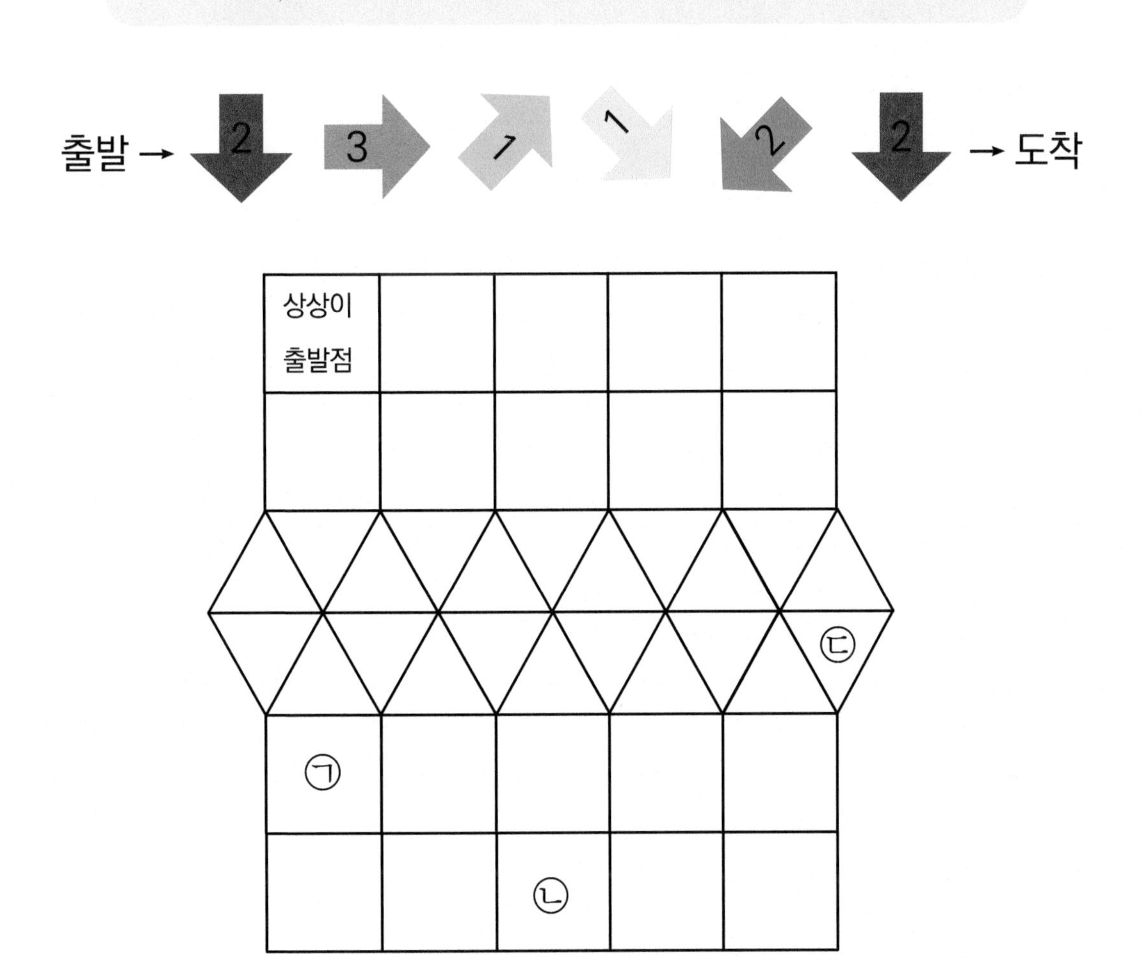

MEMO